海上絲綢之路基本文獻叢書

蠶桑萃編（三）

〔清〕衛杰 編

文物出版社

圖書在版編目（CIP）數據

蠶桑萃編．三／（清）衛杰編．-- 北京：文物出版社，2023.3
（海上絲綢之路基本文獻叢書）
ISBN 978-7-5010-7935-3

Ⅰ．①蠶… Ⅱ．①衛… Ⅲ．①蠶桑生産－中國－清代 Ⅳ．①S88

中國國家版本館 CIP 數據核字（2023）第 026256 號

海上絲綢之路基本文獻叢書
蠶桑萃編（三）

編　　者：〔清〕衛杰
策　　劃：盛世博閱（北京）文化有限責任公司

封面設計：鞏榮彪
責任編輯：劉永海
責任印製：王　芳

出版發行：文物出版社
社　　址：北京市東城區東直門内北小街 2 號樓
郵　　編：100007
網　　址：http://www.wenwu.com
經　　銷：新華書店
印　　刷：河北賽文印刷有限公司
開　　本：787mm×1092mm　1/16
印　　張：19
版　　次：2023 年 3 月第 1 版
印　　次：2023 年 3 月第 1 次印刷
書　　號：ISBN 978-7-5010-7935-3
定　　價：98.00 圓

總緒

海上絲綢之路，一般意義上是指從秦漢至鴉片戰争前中國與世界進行政治、經濟、文化交流的海上通道，主要分爲經由黄海、東海的海路最終抵達日本列島及朝鮮半島的東海航綫和以徐聞、合浦、廣州、泉州爲起點通往東南亞及印度洋地區的南海航綫。

在中國古代文獻中，最早、最詳細記載『海上絲綢之路』航綫的是東漢班固的《漢書·地理志》，詳細記載了西漢黄門譯長率領應募者入海『齎黄金雜繒而往』之事，書中所出現的地理記載與東南亞地區相關，并與實際的地理狀况基本相符。

東漢後，中國進入魏晋南北朝長達三百多年的分裂割據時期，絲路上的交往也走向低谷。這一時期的絲路交往，以法顯的西行最爲著名。法顯作爲從陸路西行到印度，再由海路回國的第一人，根據親身經歷所寫的《佛國記》（又稱《法顯傳》）一書，詳細介紹了古代中亞和印度、巴基斯坦、斯里蘭卡等地的歷史及風土人情，是瞭解和研究海陸絲綢之路的珍貴歷史資料。

隨着隋唐的統一，中國經濟重心的南移，中國與西方交通以海路爲主，海上絲綢之路進入大發展時期。廣州成爲唐朝最大的海外貿易中心，朝廷設立市舶司，專門管理海外貿易。唐代著名的地理學家賈耽（七三〇～八〇五年）的《皇華四達記》記載了從廣州通往阿拉伯地區的海上交通『廣州通海夷道』，詳述了從廣州港出發，經越南、馬來半島、蘇門答臘島至印度、錫蘭，直至波斯灣沿岸各國的航綫及沿途地區的方位、名稱、島礁、山川、民俗等。譯經大師義净西行求法，將沿途見聞寫成著作《大唐西域求法高僧傳》，詳細記載了海上絲綢之路的發展變化，是我們瞭解絲綢之路不可多得的第一手資料。

宋代的造船技術和航海技術顯著提高，指南針廣泛應用於航海，中國商船的遠航能力大大提升。北宋徐兢的《宣和奉使高麗圖經》詳細記述了船舶製造、海洋地理和往來航綫，是研究宋代海外交通史、中朝友好關係史、中朝經濟文化交流史的重要文獻。南宋趙汝适《諸蕃志》記載，南海有五十三個國家和地區與南宋通商貿易，形成了通往日本、高麗、東南亞、印度、波斯、阿拉伯等地的『海上絲綢之路』。宋代爲了加强商貿往來，於北宋神宗元豐三年（一〇八〇年）頒布了中國歷史上第一部海洋貿易管理條例《廣州市舶條法》，并稱爲宋代貿易管理的制度範本。

元朝在經濟上採用重商主義政策，鼓勵海外貿易，中國與世界的聯繫與交往非常頻繁，其中馬可·波羅、伊本·白圖泰等旅行家來到中國，留下了大量的旅行記，記録元代海上絲綢之路的盛况。元代的汪大淵兩次出海，撰寫出《島夷志略》一書，記録了二百多個國名和地名，其中不少首次見於中國著録，涉及的地理範圍東至菲律賓群島，西至非洲。這些都反映了元朝時中西經濟文化交流的豐富内容。

明、清政府先後多次實施海禁政策，海上絲綢之路的貿易逐漸衰落。但是從明永樂三年至明宣德八年的二十八年裏，鄭和率船隊七下西洋，先後到達的國家多達三十多個，在進行經貿交流的同時，也極大地促進了中外文化的交流，這些都詳見於《西洋蕃國志》《星槎勝覽》《瀛涯勝覽》等典籍中。

關於海上絲綢之路的文獻記述，除上述官員、學者、求法或傳教高僧以及旅行者的著作外，自《漢書》之後，歷代正史大都列有《地理志》《四夷傳》《西域傳》《外國傳》《蠻夷傳》《屬國傳》等篇章，加上唐宋以來衆多的典制類文獻、地方史志文獻，集中反映了歷代王朝對於周邊部族、政權以及西方世界的認識，都是關於海上絲綢之路的原始史料性文獻。

海上絲綢之路概念的形成，經歷了一個演變的過程。十九世紀七十年代德國地理學家費迪南・馮・李希霍芬(Ferdinad Von Richthofen，一八三三～一九〇五)，在其《中國：親身旅行和研究成果》第三卷中首次把輸出中國絲綢的東西陸路稱爲『絲綢之路』。有『歐洲漢學泰斗』之稱的法國漢學家沙畹(Édouard Chavannes，一八六五～一九一八)，在其一九〇三年著作的《西突厥史料》中提出『絲路有海陸兩道』，藴涵了海上絲綢之路最初提法。迄今發現最早正式提出『海上絲綢之路』一詞的是日本考古學家三杉隆敏，他在一九六七年出版《中國瓷器之旅：探索海上的絲綢之路》中首次使用『海上絲綢之路』一詞；一九七九年三杉隆敏又出版了《海上絲綢之路》一書，其立意和出發點局限在東西方之間的陶瓷貿易與交流史。

二十世紀八十年代以來，在海外交通史研究中，『海上絲綢之路』一詞逐漸成爲中外學術界廣泛接受的概念。根據姚楠等人研究，饒宗頤先生是中國學者中最早提出『海上絲綢之路』的人，他的《海道之絲路與昆侖舶》正式提出『海上絲路』的稱謂。選堂先生評價海上絲綢之路是外交、貿易和文化交流作用的通道。此後，學者馮蔚然在一九七八年編寫的《航運史話》中，也使用了『海上絲綢之路』一詞，此書更多地限於航海活動領域的考察。一九八〇年北京大學陳炎教授提出『海上絲綢之路』研究，并於一九八一年發表《略論海上絲綢之路》一文。他對海上絲綢之路的理解超越以往，且帶有濃厚的愛國主義思想。陳炎教授之後，從事研究海上絲綢之路的學者越來越多，尤其沿海港口城市向聯合國申請海上絲綢之路非物質文化遺産活動，將海上絲綢之路研究推向新高潮。另外，國家把建設『絲綢之路經濟帶』和『二十一世紀海上絲綢之路』作爲對外發展方針，將這一學術課題提升爲國家願景的高度，使海上絲綢之路形成超越學術進入政經層面的熱潮。

與海上絲綢之路學的萬千氣象相對應，海上絲綢之路文獻的整理工作仍顯滯後，遠遠跟不上突飛猛進的研究進展。二〇一八年厦門大學、中山大學等單位聯合發起『海上絲綢之路文獻集成』專案，尚在醖釀當中。我們不揣淺陋，深入調查，廣泛搜集，將有關海上絲綢之路的原始史料文獻和研究文獻，分爲風俗物産、雜史筆記、海防海事、典章檔案等六個類别，彙編成《海上絲綢之路歷史文化叢書》，於二〇二〇年影印出版。此輯面市以來，深受各大圖書館及相關研究者好評。爲讓更多的讀者親近古籍文獻，我們遴選出前編中的菁華，彙編成《海上絲綢之路基本文獻叢書》，以單行本影印出版，以饗讀者，以期爲讀者展現出一幅幅中外經濟文化交流的精美畫卷，爲海上絲綢之路的研究提供歷史借鑒，爲『二十一世紀海上絲綢之路』倡議構想的實踐做好歷史的詮釋和注脚，從而達到『以史爲鑒』『古爲今用』的目的。

凡例

一、本編注重史料的珍稀性，從《海上絲綢之路歷史文化叢書》中遴選出菁華，擬出版數百册單行本。

二、本編所選之文獻，其編纂的年代下限至一九四九年。

三、本編排序無嚴格定式，所選之文獻篇幅以二百餘頁爲宜，以便讀者閱讀使用。

四、本編所選文獻，每種前皆注明版本、著者。

五、本編文獻皆爲影印，原始文本掃描之後經過修復處理，仍存原式，少數文獻由於原始底本欠佳，略有模糊之處，不影響閱讀使用。

六、本編原始底本非一時一地之出版物，原書裝幀、開本多有不同，本書彙編之後，統一爲十六開右翻本。

目録

蠶桑萃編（三）卷六至卷十一〔清〕衛杰編　清光緒二十五年刻本……………………………一

蠶桑萃編（三）

蠶桑萃編（三）

卷六至卷十一

〔清〕衛杰 編

清光緒二十五年刻本

蠶桑萃編

卷六至卷十

蠶桑萃編

卷六染政

染始類　染湅類

料物類　色澤類

卷七織政

機具類　工蓺類

經緯類　養樗蠶織粗紬附

緞綢類

卷八綿譜

繭餘類　製綿類

卷九線譜

繭絨類　抽線類

卷十花譜

花卉類　花紋類

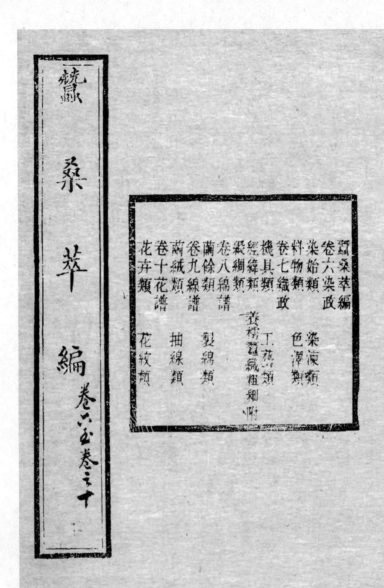

染政

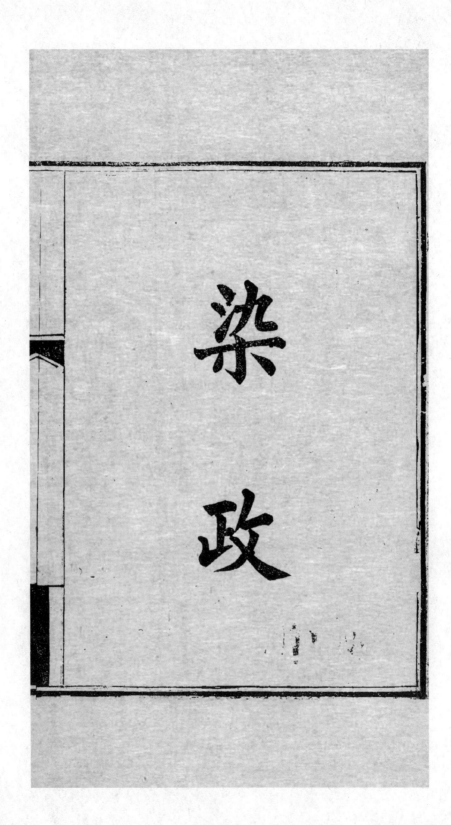

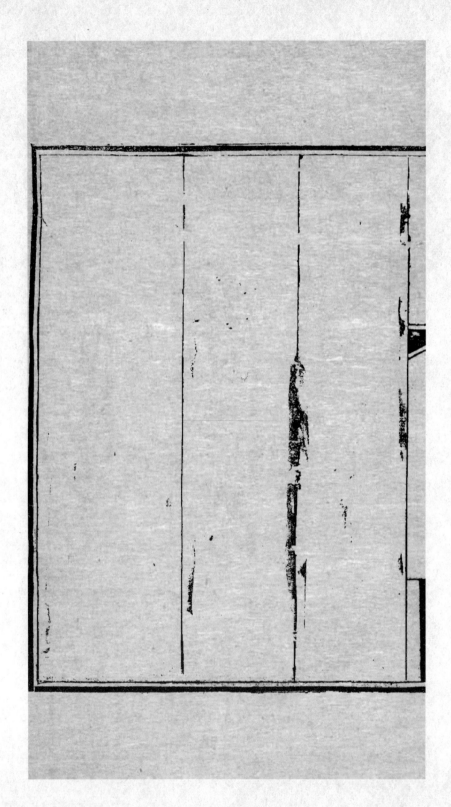

蠶桑萃編卷六

染政目錄

染始類
原染　染人　掌染草
典絲　豳風七月
厯代染制
染湅類
湅涚　湅𣊟　湅帛
𣊟有三等　春染　夏染
秋染　冬染　湖州染式

料物類

藍靛　藍澱　紅花

造紅花餅法　附燕脂　淮靛直靛

青椆椀　四季青　橡樹

茜草　槐花　諸色質料

色澤類

釋絲帛　辨正雜　釋淺深

分上下　禁僞染　戒艾藍

明訣法　辨水色　巧技能

蠶桑萃編染政卷六

染始類

原染

昔黃帝堯舜垂衣裳而天下治虞書以五采彰施於五色作服夏書羽畎夏翟徐州貢之周禮鍾氏染羽而黼黻文明大備

染人

周禮天官染人掌染絲帛凡染春暴練夏纁元秋染夏冬獻功掌凡染事注染人下士二人府二人史二人徒二十人染人主嬪婦染練之事屬典婦功其他

染事屬冬之官染而後織爲染絲織而後染爲染帛暴練暴其素而練之也纁絳色元纁夏暑而後可以染此色夏夏翟其羽五色秋凉而後可以染此色獻功元纁與夏至冬之皆成功也凡染事則不特絲帛而已

掌染草

地官掌染草掌以春秋斂染草之物以權量受之以待時而頒之注掌染下士二人府一人史二人徒八人染草染色之草掌染草主斂其草者時謂染夏之時鄭康成註染草藍蒨象斗之屬俗云藍以染青蒨以染赤象斗染黑

典絲

典絲掌絲入而辨其物以其賈揭之掌其藏與其出以待典功之時頒絲於外內工皆以物授之凡上之賜予亦如之及獻功則受良功而藏之辨其物而書其數以待有司之政令上之賜予注典絲下士二人府二人史二人賈四人徒十有二人典絲主婦功治絲事者后宮所蠶之絲自爲祭祀之用此絲當是他州所貢者待其時若温暖宜縑帛清凉宜文繡也外內工謂外嬪婦與內女御以物授之如縑帛則授以素絲文繡則授以采絲也亦如之者謂亦如其物以

授其絲也良者藏之將以共王與后之用苦者書其數所以待政令與賜予也凡祭祀共黼畫組就之物喪紀共絲纊組文之物凡飾邦器者受文織絲組焉歲終則各以其物會之注白與黑色爲黼雜飾五色爲畫就者采色一成物者絲之物色也黼畫以爲衣服組就以爲冕旒絲纊絲絮以俟絶氣組衣青赤色所以繫屨也邦器如茵席旌旗之屬文織以文爲織絲組以絲爲組會者各以所飾之物別爲計也

豳風七月

八月載績載元載黃我朱孔陽爲公子裳註祭服元

衣繡裳蓋養蠶爲衣之始故先言之作裳爲衣之終故後言之而色之辨則絲以染

染羽

鍾氏染羽考工記之鍾聚也染羽之工名以鍾氏取其色之聚也註羽之爲物雖微而旌旗車服之用衆而不可廢此先王所有染羽之法

歷代染制

後漢書百官志平準令一人六百石本註曰主練染作采色丞一人註漢官曰員吏百九十人隋書百官志大府寺統司染署宋史職官志少府監染院掌染

絲臬幣帛明會典顏料志洪武二十六年定凡合用顏料專設顏料局掌管淘洗青綠將見在甲字庫石礦按月計料支出淘洗分作等第進納若燒造銀硃用水銀黄丹用黑鉛俱一體按月支料燒煉完備逐月差匠進赴甲字庫收貯如果各色物料缺少定奪奏聞行移出產去處採取或給價收買鈔法紫粉所用數多止用蛤粉蘇木染造時常預爲行下本局多爲備辦用度如缺蛤粉一體收買黑鉛一斤燒造黄丹一斤五錢三分三釐水銀一斤燒造銀硃一十四兩八分二硃三兩五錢二分次青碌石礦一斤淘造

淨青碌一十一兩四錢三分暗色碌石礦一斤淘造淨石碌一十兩八錢七分六釐蛤粉一斤染造紫粉一斤一兩六錢硇砂一斤燒造硇砂碌一十五兩五錢洪武年間聖旨如今營造合用顏料但是出產去處便著有司借倩人夫採取來用若不係出產去處著百姓怎麽辦那當該官吏又不明白具奏只指著朝廷名色以一科百以十科千百般苦害百姓似這等無理害民官吏拿來都全家廢了不饒若那地面本出產却奏說無以後著人採取得有時那官吏也不饒雖是出產去處也須量著人的氣力採辦似這

等百姓也不艱難生受官民兩便若有司家因而生事擾害他的拿來全家廢了不饒永樂二十二年聖旨古者土賦隨地所產不強其所無比年如丹漆石青之類所司更不究產究產物之地一概下郡縣徵之逼迫小民鳩斂金弊詣京師博易輸納而商販之徒乘時射利物價騰湧數十倍加不肖官吏貪緣爲奸計其所費朝廷得其千百之什一其餘悉肥下人今宜切戒此弊凡合用之物必於出產之地計直市之若仍蹈故習一概科派以毒民者必誅不宥成化二年令內官監促辦累年未納物料急用者以官銀

收買不急者侵止凡修建顏料舊例內外宮殿公廨房屋該用青碌顏料俱先行內府甲字等庫關支不足方派各司府嘉靖三十六年以大工題行雲南採解買辦凡寶色尙寶司每年該銀硃九十斤行內庫關支正德十二年加硃三十斤派行四川收買涪州水花銀硃一百二十斤解部轉發器皿廠淘洗送用嘉靖三十六年題准以後動支節慎庫料銀照數召買淘洗送用每歲該銀六十三兩六錢凡各衙門年例印色工部題行順天府宛大二縣買辦宗人府紫粉一十二斤銀硃二斤四兩左軍都督府紫粉二十

四斤右軍都督府紫粉一十八斤中軍都督府紫粉二十四斤前軍都督府紫粉一十八斤後軍都督府紫粉三十六斤白芨一十斤十四兩五錢吏部紫粉一十二斤銀硃三斤白芨二斤戶部紫粉二十四斤二硃三斤白芨六斤禮部紫粉一十八斤兵部紫粉一十二斤銀硃三斤白芨二斤刑部紫粉一十斤銀硃四斤白芨二斤工部紫粉一十八斤二硃二斤白芨四斤都察院紫粉二十斤銀硃四兩白芨一斤通政司紫粉二十四斤大理寺紫粉一十斤銀硃二斤白芨一斤吏科二硃一斤一兩三錢三分三釐戶科

二銖一斤十兩禮科二銖一斤十兩兵科二銖二斤三兩刑科三銖二斤工科二銖一斤八兩設水部染局於朝陽門外種藍打造靛青煉染大紅紵絲紗羅經緯合用礦子石灰於馬鞍山廠燒造

宋子曰霄漢之間雲霞異色閻浮之內花葉殊形天垂象而聖人則之以五采彰施於五色有虞氏豈無所用其心哉飛禽衆而鳳則丹走獸盈而麟則碧夫林林青衣望闕而拜黃朱也其義亦猶是矣老子曰甘受和白受采世間絲麻裘褐皆具素質而使殊顏異色得以尚焉謂造物不勞心者吾不信也

蘇州府志

染作

大清會典

內務府織染局郎中掌

內用衣服繪繡之事

凡織染所用金線絲料等項俱從戶工二部取用年終核算出入錢糧造冊二本送戶部銷算

大通橋鄚縣西頂沙窩場種靛壯丁一百名各給地四晌每丁每年徵靛一百斤

凡額設員役烏林大六名撥什庫六名匠役八

百二十五名

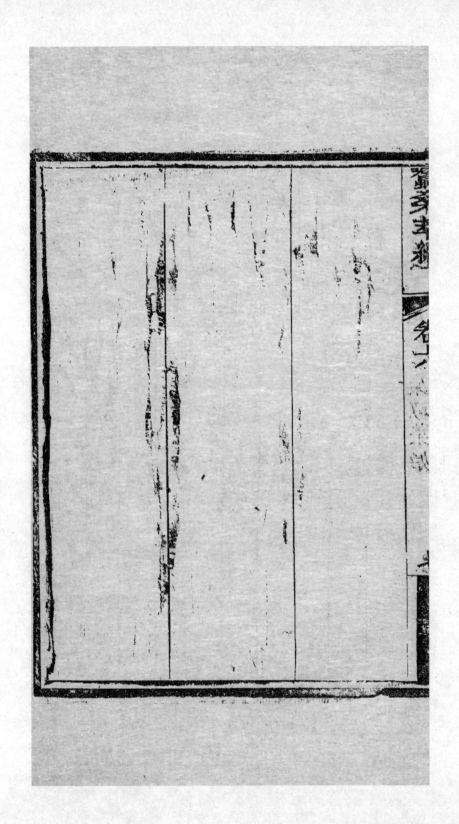

染湅類

湅涚

湅絲王昭禹曰治絲帛而熟之謂之㡃絲帛熟然後可設飾爲用以涚水漚絲七日去地尺暴之鄭鍔曰湅絲之法以涚水漚之漚如漚麻之漚蓋浸漬之也以水沛灰謂之涚用涚水以漚其絲所以取潔淨也唯潔淨始能受色旣漚七日取而暴之日中去地一尺不欲其高恐陽氣燥之則色失於燥而不鮮明近來湖中川中多濯帛於河干借河水以湔滌即㡃氏湅絲之法也

湅暴

晝暴諸日夜宿諸井七日七夜是謂水湅王昭禹曰晝暴諸日以陽氣温之也夜宿諸井以陰氣寒之也謂水湅則在渥淸之使熟也以陰陽之氣使之熟而已

湅帛

湅帛以欄爲灰渥淸其帛實諸澤器淫之以蜃易氏曰絲弱於帛帛壯於絲湅絲不過涚水而漚之湅帛則以欄爲灰煑而熟之以至淫之盝之又至於塗之宿之其法爲特詳趙氏曰燒欄木爲灰漉淸以灰煑

熱不可遽至乾熇故實諸潤澤之器蜃白蛤也以蛤爲粉浸滑器中欲令帛白王昭禹曰灰既澄而清則盝而出之而揮去其所惹之蜃灰

暴有三等

暴工在漚湅之後其要有三上暴法以二人牽綢兩頭中一人執之用手輕搖如春風扇和待其乾後色最鮮明若中暴法則人力少用乘天氣晴明暴於郊外河干曠地色亦鮮妍至懸之杆上風吹日曬非病燥即病暗市中多用之取其簡易

春染

春日天氣晴和染法暴練爲佳按史記凡染事所以設色於布帛絲縷以供帷幕幄帟裀席衣服之用故春云暴練取其白而受采夏氏曰春陽氣燥故暴染之

夏染

夏日天氣暑熱染色纁元爲佳鄭康成曰纁元者謂始可染此色當及盛暑熱潤始湛研之三月而後可用其云纁者黃而兼赤色元者赤而兼黑色鄭鍔曰纁黃而赤法陽夏則陽用事位在南方染纁宜矣

秋染

秋宜染夏凡染五色謂之夏按夏者其色以夏翟爲飾禹貢羽畎夏翟是其總名其類有六曰翬曰摇曰鸐曰甾曰希曰蹲其毛羽五色皆備成章染者以爲淺深之度是倣而取名又秋氣收而不散五采此時亦皆受染

冬染

冬令風涼氣冷染色多晦暗故曰獻功取纁二采至冬成而獻之近坊間冬令染絲帛者少

湖州染式

湖色甲於各省其染時乘春水方生水清而色澤

錦江染式

漚法須用清水水清則色鮮暴時不可過高過高則質燥近來成都機房多於錦江河濯帛而暴之於地上故蜀錦最佳

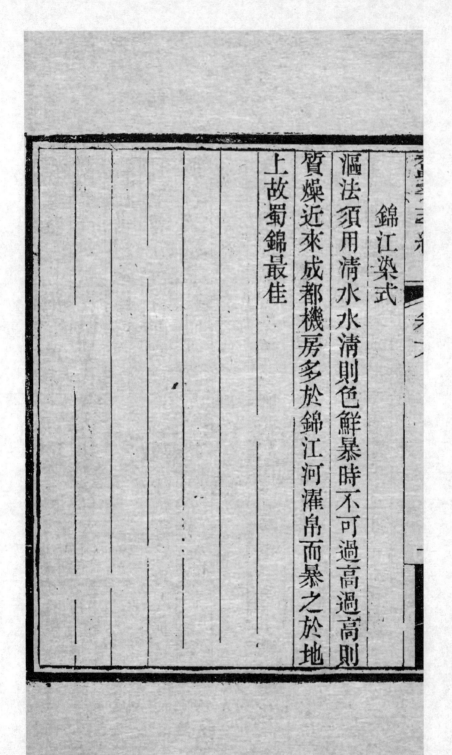

料物類

藍靛

藍周禮註染草藍蒨象斗之屬本草註藍凡五種各有主治通治云藍三種蓼藍染綠大藍如芥淺碧槐藍如槐染靑三藍皆可作澱色成勝母故曰靑出於藍而靑於藍藍靛本草綱目藍質浮水面者爲靛花

藍澱

凡藍五種皆可爲澱茶藍卽松藍插根生活蓼藍馬藍吳藍皆撒子而生近又出蓼藍小葉者俗名莧藍種更佳凡種茶藍法冬月割穫將葉片片削下入窖

造澱其身斬去上下近根留數寸薰乾埋藏土內春
月燒淨山土使極肥鬆然後用錐鋤其鋤鈎末向身長八尺許刺
土打斜眼插入於內自然活根生葉其餘之藍皆收
子撒種畦圃中暮春生苗六月採實七月刈身造澱
凡造澱葉與莖多者入窖少者入桶與缸水浸七日
其汁自來每水漿一石下石灰五升攪衝數十下澱
信即結水性定時澱沉於底近來出產閩人種山皆
茶藍其數倍於諸藍山中結箬簍輸入舟航其掠出
浮沫曬乾者曰靛花凡靛入磡必用稻灰水先和每
日手執竹棍攪動不可計數其最佳者曰標磡

紅花

紅花塲圃撒子種二月初下種若太早種者苗高尺許即生蟲如黑蟻食根立斃凡種地肥者苗高二三尺每路打橛縛繩橫欄以備狂風拗折若瘦地尺五以下者不必爲之紅花入夏即放綻花作梂彙多刺花出梂上採花者必侵晨帶露摘取若日高露旰其花即已結閉成實不可採矣其朝陰雨無露放花較少旰摘無妨以無日色故也紅花逐日放綻經月乃盡入藥用者不必製餅若以染家用者必以法成餅然後用則黃汁淨盡而眞紅乃現也其子煎壓出油

或以銀箔貼扇面此油一刷火上照乾立成金色

造紅花餅法

帶露摘紅花搗熟以水淘布袋絞去黃汁又搗以酸粟或米泔清又淘又絞袋去汁以青蒿覆一宿揑成薄餅陰乾收貯染家得法我朱孔揚所謂猩紅也

附燕脂

燕脂古造法以紫餅染綿者爲上紅花汁及山榴花汁者次之近濟甯路但取染殘紅花滓爲之値甚賤其滓乾者名曰紫粉丹青家或收用染家則糟粕棄也

淮靛　靛靛

江淮所產甚佳色勝他省近時靛民亦善種靛夾取河淀中淤泥壅作畦田撒子而生若不水澇可刈三次頭杈足本二三杈皆餘利也染色可同淮靛其利則倍之

青棡椀

青棡椀　篇海云高木也唐史云開寶五年資州獻梅青棡二木合成連理四川山多產此木其樹結實類板栗其椀煎熬水染青不落色

四季青

四川染青色有用四季青似槐葉枝高數尺採葉煎水染青值隸人呼烏拉葉又名葉子青

橡樹

橡博雅云柔也蒂有斗可染皂周禮掌染注謂之橡斗實可食晉書庾袞傳與邑人入山拾橡

茜草

茜草通作蒨說文云茅蒐也本草云一名地血一名風車草一名過山龍今染絳色史記貨殖傳千畝卮茜言其花染緗赤黃也漢官儀染園出芝供染御服

槐花

凡槐樹十餘年後方生花實花初試未開者曰槐蕊綠衣所需猶紅花之成紅也取者張度細稠花蕊而承之以水煮一沸漉乾捏成餅入染家用既放之花色漸入黃收用者以石灰少許曬拌而藏之

諸色質料

大紅色　其質用紅花餅一味用烏梅水煎出又用鹼水澄數次或以稻藁灰代鹼功用亦同澄得多次色則鮮甚染房討便宜者先染蘆木打脚凡紅花最忌沉麝袍服與衣香共收旬月之間其色即毁凡紅花染帛之後若欲退轉但浸溼所染帛以

鹼水稻灰水滴上數十點其紅一毫收轉仍還原質所收之水藏於綠豆粉內放出染紅半滴不耗染家以爲秘訣不以告人

蓮紅桃紅色　銀紅水紅色　以上質用紅花餅一味淺與深以分兩加減而成是四色必用白絲方現若黃絲則不現

木紅色　用蘇木煎水入明礬棓子二物

紫色　蘇木爲地以青礬尚之

赭黃色　制未詳

鵝黃色　用黃蘗煎水染以靛水蓋上

金黃色　用蘆木煎水染復用麻藁灰淋鹼水漂之

茶褐色　用蓮子殼煎水染復用青礬水蓋

大紅官綠色　用槐花煎水染以藍靛蓋淺深皆用

明礬

豆綠色　用黃蘗水染以靛水蓋今用小葉莧藍煎

水蓋者名草豆綠色甚鮮

油綠色　用槐花薄染以青礬蓋

天青色　入靛缸淺染以蘇木水蓋

葡萄青色　入靛缸深染以蘇木水深蓋

蛋青色　用黃蘗水染然後入靛缸

翠藍色　天藍色　均用靛水分深淺染

元色　用靛水染深青以蘆木楊梅皮等分煎水蓋

又一法將藍芽葉水浸然後下青礬棓子同浸令

布帛易污

月白草白二色　俱用靛水微染今法用莧藍煎水

半生半熟染之

象牙色　用蘆木煎水薄染或用黃土

藕褐色　用蘇木水薄染入蓮子殼青礬水薄蓋

附染包頭青色　此黑不出藍靛用栗殼或蓮子殼

煎煮一日漉起然後入鐵砂皁礬鍋內再煮一宿

卽成深黑色

附染毛青布色法　布青初尙蕪湖千百年矣以其漿碾成青光邊方外國皆貴重之人情久則生厭毛青乃出近代其法取淞江𫎇布染成深青不復漿碾吹乾用膠水參豆漿水一過先蓄好靛名標碙入內薄染卽起紅焰色一時重用

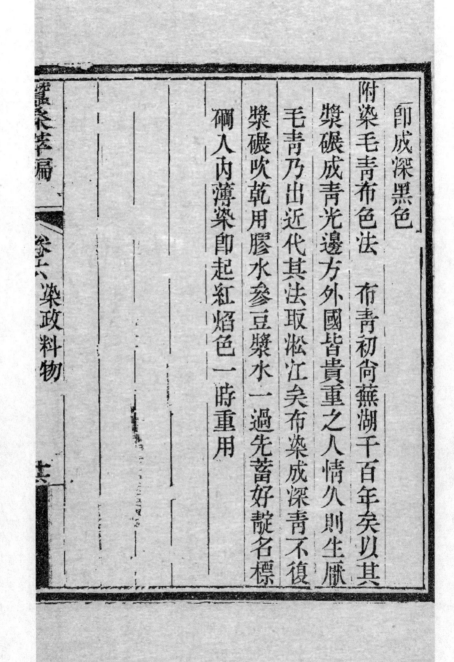

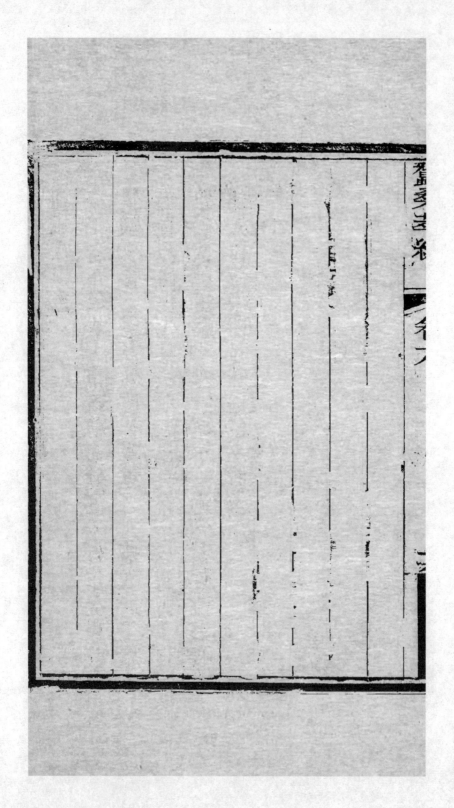

色澤類

釋綵帛

青生也象物生時色也赤赫也大陽之色也黃晃也猶晃晃象日光色也白啟也猶冰啟時色也黑晦也如晦冥時色也絳工也染之難得色以絳爲工也紫疵也五色之疵瑕以惑人者也紅絳也白色之似絳者也緗桑也如桑葉初生之色也綠瀏也荆泉之水於上視之瀏然綠色此似之也縹猶漂漂淺青色也有碧縹有天縹有骨縹各以其色所象言之也緇滓也泥之黑者曰滓此色也皁早也日未出時早起視

物皆黑此色如之也蒸栗染紺使黃色如蒸栗然也紺含也青而含赤色也

辨正雜

元以象天黃以象地青以象東白以象西赤以象南黑以象北又如纁之赤黃如緅之赤青如縓之赤黑如朱之象正陽如緇之象正陰如紫如綠之爲間色詩所謂赤芾元袞朱英綠縢之類詳哉言之

釋淺深

一染謂之縓再染謂之赬三染謂之纁青謂之䌌黑謂之黝注縓今紅也赬染赤也纁絳也䌌淺青也黝

黑貌

小雅韎韐有奭卽一入也又國風魴魚頳尾卽赤也

再染類之

織之以爲席者鼠莞也染之成色者鼠尾也注鼠尾

勁也一名陵翹可染皁色

三入爲纁五入爲緅七入爲緇註纁赤而黃之色也

又纁四染入黑汁爲紺紺入黑則爲緅緅爵頭之色

赤多黑少與紺相類孔子云君子不以紺緅飾自緅

而入則爲元元卽六入之色自元入黑汁則爲緇矣

故七入爲緇鄭風云緇衣之宜

分上下

元黃乃正氣豳風載元載黃註元黑而赤朱深纁也縞綦色雜鄭風縞衣綦巾縞白也爲男服綦巾蒼艾色爲女服廣雅云縞細繒顧命四人綦弁註青黑白說文綦蒼艾之色謂青而微白類艾草之色然

菼青璊赤王風毳衣如菼毳衣如璊菼鵻也其色似鵻郭璞註菼草色如鵻在青白之閒璊頳也卽淺赤說文璊玉赤色故以璊爲頳

禁僞染

染色貴取其正而僞色乃少禮記月令季夏令婦官

染采黼黻文章必以法故無或差貸黑黃蒼赤莫不質良註質正也良善也所用染者眞采正善而禁其差貸也

戒艾藍

染之取藍當得其時禮月令仲夏之月令民毋艾藍以染註毋艾藍爲恐傷長氣也按仲夏藍始可別凡藍初叢生至此可分移栽其色最青青爲赤之母故刈之傷時氣

明訣法

法有先染後織者染絲難於染帛上也有先織後染

者染帛易於染線次也有湅半生半熟染後織先是也染無他法總在湅暴到質料佳氣澤明工藝巧吳綾蜀錦鮮豔奪目價重一時以此

辨水色

各省染工各有所長雖曰人工之巧亦緣水氣之佳天青元青江甯爲上天藍寶藍二藍葱藍蘇州爲上朱紅醬紫鎮江爲上湖色淡青玉色雪青大綠浙之杭州爲上淺紅大紅穀黄鵞黄古銅川之錦江爲上是皆水色之美者近直隸南關水源爲一畝泉乙泉東泉水清味甘染工出色甚好是水可擬江浙成都

再加工夫純熟自可色色鮮明極成上品

巧技能

染之妙得於心色之妙奪於目工一也有一入再入三入五入七入之候法一也有熾之漚之暴之宿之滛之沃之塗之漬之之次材一也有象草本象翟象雀取蛋取梔取藍取茅蒐取豕首取象斗取丹秫取涚水取欄之灰之辨色一也有象天象地象春象夏象秋象冬之宜不善者淺而暗枯而劣其善者則深而明澤而美是在覔江浙之巧工而教之各得其法

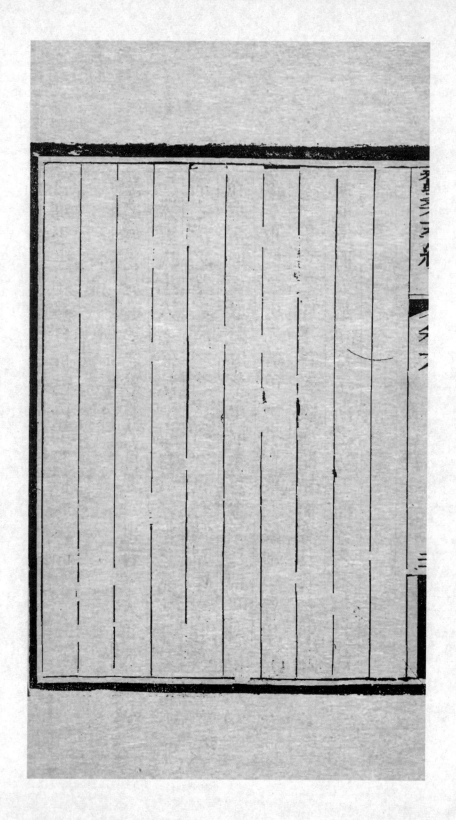

織政

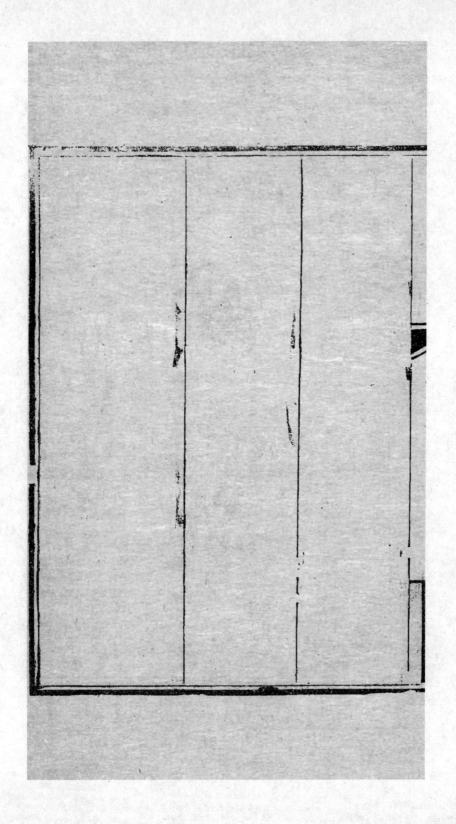

蠶桑萃編卷七

織政目錄

機具類

花素機　浣花緞機式四川　巴緞機式四川

機上各物名目附

工藝類

梭織　花機織樣　腰機織造

結花本法

經緯類

經絲　引絲牀

養樗蠶織粗細附

倒經法與細緞綢不同　倒緯　牽經

緞綢類

貢緞　平機寧綢　緞機寧綢

洋縐　線縐　紡綢

巴緞　浣花緞　花綾

三紡綢　雜綢　綢病

胚綢

蠶桑萃編織法卷七

機具類

花素機

花素機制審度合宜可織素亦可織花雖云形下者謂之器而化裁之變神明存乎其人即小足以見大亦格致之理所必及焉如甯紬用六範六棧貢緞用八範八棧變用在人不拘一格凡可通用之器悉爲開列以備查覽焉

排檐 二根長一丈零五寸寬三寸二分厚二寸五分居中挖剪槽二箇以備放剪子後架

敵花前連機身

槍腳 二根管架排檐高四尺三寸上寬四寸下寬三寸厚一寸六分

槍腳盤 兩桄兩樘以托排檐敵花平穩不動

敵花 捲經絲用兩頭穿槍腳上圓孔內檔長三尺八寸兩頭小軸長五寸七分

羊角 二箇每箇八角鑽敵花兩頭放敵花則拉不放則不拉

打角方 一根長四尺五寸大一寸五分見方橫欄羊角

老縮繩　二根套羊角用使打角方一拉一縮擱住

羊角

以上係排檐機具

機身　二根中架機腿前擱平地長九尺五寸寬

三寸五分厚四寸五分

機腿　二根架排檐機身相連高二尺三寸寬五

寸五分厚二寸五分含口深四寸七分

狗腦　二箇管穿鋸頭之兩頭上高五寸寬五寸

厚三寸二分下笋長七寸五分居中打眼

大二寸五分

錍頭　一根捲綢用擋長三尺九寸圓周一尺四
寸兩頭小軸長四寸五分穿狗腦上
公母筍　係排檐機身兩頭相連必須用公母筍方
不移動
花門　二根置機身上長五尺大一寸七分見方
坐板　一塊　廂撒二箇架坐板或高或低
樓住　四根置機身上以起花樓
橫擔　四根
蓋頭　三根頭根蓋花門二三根蓋樓柱均長四
尺五寸大一寸八分見方

燕翅　二根管提花坐位長五尺六寸大二寸一分見方

横擔　一根兩頭逗燕翅　小排檐四箇枕頭四箇均在燕翅上　八字樽二根樽燕翅下大坐板一塊擱燕翅上

以上係機身樓柱機具

花樓柱　二根高六尺大一寸二分見方

夾木　二塊夾花樓柱兩邊

椿橙蓋　一根壓花樓柱長五尺六寸大二寸見方

花雞　一根管花線上下靈動使不損壞絲線長

· 四尺三寸大一寸見圓兩頭用鐵箍二箇

圓鐵條二根長四寸

魁挑橙　二箇穿花雞用長五寸寬六分上下穿眼

花綳　二箇每箇打圓眼二箇長七尺　花朳眼

每邊五箇花朳一枝

撇欸竹　一根使勿撲入腰前提花省力長六尺

千斤筒　三根以繩套椿橙蓋上管托欸數十斤之

力長一尺七寸

龍骨　四根管鎖欸線不亂長四寸四分

以上係花樓柱機具

提花線　分二節上節爲紎長八尺二寸雙線套一千二百根每一根或套三根或套四根隨時計算下節爲猪脚線一千二百根雙長二尺每根縋竹籤一根共猪脚一千二百根

脚子線　卽花本線長二丈共六百根　過線長三尺接花計算

起撒竹　十四根管紎線分左右不亂長二尺二寸下有搭脚橙一根長六尺

架花竹　上架下托以托花本線上下以繩拴之上

五根下四根前四根前後與機同長

江

繩一根比花本線長數尺穿花過線用

以上係提花線各物

立八　二根高二尺二寸五分寬厚均三寸五分

上開獅子口深四寸打圓眼二箇穿撞竿

二根中釘貴連二箇叉架撞機石二塊每

塊重二十斤

海底　一根長四尺寬厚均三寸兩頭置小鐵條

長七寸

立人盤　二根長一尺四寸有三橙可上可下　橫

樘二根長四尺四寸

抵盤石　兩邊皆有　仙人木二根　仙人欲二根緊拴立人架使不前走　貴連二塊高七寸寬三寸

撞竿　二根長七尺七寸寬厚均一寸五分一頭削薄長一尺穿立人獅子口內門立人杺二箇杺長一寸八分一頭名筆頭與框挨連入喜雀窩上竹撬四箇名管捎

鰕須緪　四根於筆頭上打眼二箇套鰕須緪與框相連

框　二根長四尺四寸高五寸二分上下框之寬厚均一寸五分框係裝絲籰用　底條一根長與機寬同以托經平穩

牛眼珠　圖六箇必須檀木作之以穿框繩

鈎框繩　二根來同三套鈎框可上可下

鋸齒　一條長一尺五寸共十五齒以木作之安左邊撞竿上居中釘之

以上係立人各物

三架梁　一根安弓棚用長五尺九寸寬厚均一寸六分

高桄　一根托三架梁用長二尺八寸上大寬二
寸八分下小寬一寸五分
矮桄　一根托三架梁用長二尺四寸上大寬一
寸八分下小寬一寸五分　雞冠一塊托
三架梁係活筍可上可下
豆腐箱　一箇釘弓棚用四方形大一尺
弓棚篾　六條居中打眼釘豆腐箱上兩頭打眼穿
八字繩用長三尺八寸　弓棚繩六根
八字繩上有檳榔竹六箇挂棧用
甯綢棧　六扇棧線套下口

趕著力　一根長五尺九寸寬厚均一寸六分

鴿子籠、　六箇安趕著力上高六寸七分戶深二寸五分

穿心幹　一根長一尺九寸

鷯哥　六箇入鴿子籠內以穿心幹穿上長三尺中間打眼處寬二寸兩頭寬各一寸

菱角鈎　六箇挂鷯哥尾鐵扣六箇之上

鈎篾　每邊六條共十二條長三尺緦範子用

甯綢範子　六扇線套上口

以上係三架[illegible]各物

橫眼竹　六根上拴鷯哥下縋脚竹　老鼠尾二條
一長一尺六寸一長一尺四寸五分釘左
邊機身子下　穿心釘一根穿橫眼竹用
廂板　二箇長二尺寬一寸管棧範不動
脚竿竹　六根套橫眼竹下按一二三四五六順踏
扒搅竹　一根搅範子用　搅棧竹一根搅棧用
天平架　一箇釘右邊機身子下架橫眼竹高一尺
五寸五分寬一尺五寸
釣魚竿　一根長三尺二寸門搭馬用
將軍柱　一根管搭馬不往前去

搭馬　一塊管框子懸空不徃下走

打經板　一塊兩頭打眼用繩穿入下縋枰𣏾石二箇

拽放繩　一根織好一段以手拉繩放敵花用

緯棚　一塊上下打眼六十箇插管用

量天尺　一根攪花用

攪尺　一根長三尺　麻辮一根長五尺管機上力之鬆緊

扶邊繩　一根長六尺兩頭縋石二塊

豬脚盤　五根分豬脚線用

海棒　四根長二尺一頭削尖一頭打眼拴在橫擔上如查經斷處以便分開用

花素緞機簆紬　四川式

簆紬以緞機名可織簆紬並可織緞機制能通用長一丈七尺二寸分為兩截上截在平地下截在炕上先掘長坑一深四尺寬四尺墜綵籰處也一深二尺橫寬四尺踏竿處也機上器具不一各有名號不至混淆附開於後

上排檐　二根長八尺三寸寬三寸五分厚二寸五分

樘椿　一根高三尺二寸寬五寸五分厚一寸七
分

横樘　二根檔寬四尺四寸

樘心　一根捲經絲用長四尺七寸中檔大二寸
五分見方兩頭圓軸大二寸

雲頭　二箇安樘心兩頭大一尺三寸見方

以上係上排檐機具

下排檐　二根長九尺面寬四寸三分厚五寸

腰機脚　二根高二尺六寸寬厚與下排檐同上開
含口深五寸寬三寸三分

馬頭　二箇穿懷輥用高一尺四寸寬六寸厚三寸二分圓孔大三寸下有海底釘四箇

懷輥　一根捲織綢用長四尺五寸中檔長四尺大四寸四分輥軸兩頭每頭小三寸八分

綮伏　一根綮入懷輥上管壓綢頭並無痕跡

以上係下排檐機具

闞門柱　二根高五尺寬厚均二寸

橫帽梁　一根長五尺寬二寸五分厚二寸檔寬四尺四寸

鎖脚樸　一根長六尺寬厚一寸五分筍眼八分見

方

以上係闘門柱機具

四柱　四根置下排檐上以起花樓高四尺六寸寬厚均一寸九分橫檔寬四尺四寸直檔寬二尺以高低平分

活龍圈　二根長五尺寬二寸三分厚一寸八分橫樽二根長二尺四寸

冲天柱　二根以起花樓高七尺大一寸三分見方

天平　一根置冲天柱上長二尺九寸寬二寸五分厚一寸八分

丁丁貓　二塊穿天平上以挂花扒長二尺五寸寬
一寸一分厚二分
龍桿柱　四根竹爲之附於四柱
花角子　二根係圓木棍橫安花樓兩邊兩頭用鐵
箍鐵心
花耳子　二塊小鐵板長六寸每板小孔入筒疊花
樓柱內
踏脚板　二塊用木隨作之
以上係四柱機具
立坐　三根高三尺七寸厚三寸上寬六寸五分

開舍口深六寸寬一寸三分居中打圓孔
安立坐木釘以管撞杆又底下寬三寸

捥坭　一根擱年扭上長四尺寬厚均二寸八分
兩頭安指大鐵心長六寸

年扭　二根每根長四尺作十六橙共三十二橙
一頭抵土地石一頭安腰機脚梭槽之上
槽長九寸如倉壳子輕則往下移重則往
上移又年扭上安見方水平長與檔同大
小隨用

撞機石　二箇拴立坐上長六寸八分寬厚均二寸

五分

撞桿　二根穿立坐上長九尺寬厚均一寸四分

桿頭穿眼四箇每眼相去四寸

倉壳子　二根投撞桿於倉斗子上均長四尺五寸

大一寸五分中間安簆如甯綢簆齒一千

三百根每孔裝經八根共一萬零四百頭

以上係立坐撞桿倉壳子機具

天橋　三根長六尺寬厚一寸八分

立八　二根置天橋上高九寸五分寬二寸七分

厚一寸五分作圓孔徑一寸三分

穿心　一根長三尺五寸大一寸

梃木　二根安立人上長三尺二寸

木鵰　四根長三尺二寸貫入穿心木上兩頭寬
一寸二分中間圓處寬二寸五分作孔大
一寸五分內穿鄉約三箇間隔木鵰以免
相撞木鵰兩頭安雙杯鐵鈎

八字篦　八條長三尺八寸寬五分上挂鐵鈎下套
繩子

範子　四扇每扇莛腿二根共八根鈎八字篦上
範高二尺六寸寬三尺五寸線套上口係

織素而不起花

鳳尾篾　四條長五尺三寸寬四分每篾穿眼三箇可高可低上挂木鵰下釣橫脚竿

橫脚竿　四根長五尺二寸大一寸

母倒挂　木三條釘在下排檐左邊釣鳳尾篾高八寸長二尺一寸

公倒挂　木三條釘在下排檐右邊管橫脚竿高一尺八寸長二尺三寸

順脚竿　四根長六尺大一寸一頭釣橫脚竿下一頭置猫耳洞內織時按一二三四順踏

千斤椿　二根管順腳竿左邊安登雲石右邊安踏
腳石

門坎　木一條管花長短高低之用

坐機板　一塊或上或下隨用

攪齒　一箇或鬆或緊隨用

弓棚篾　八條釘在豆腐匣上弓背長四尺二寸寬
一寸弓絃長五尺二寸寬四分

棧樢子　八箇管棧上下以繩套上織花則抑樢織
素則放樢

棧　八扇腿十六條高二尺二寸寬三尺三寸

用繩鈎弓絃上棧線套下口管起花時將
經壓下去以免漏花

趕棧棒　一根長三尺大一寸管移推弓棚或上或
下

夾扦竹　八根管棧範分勻不至擁擠內穿竹筒八
箇名鵝頸項均擱在子排檐上係置右邊
下排檐之裏

雙榫　一根長大與檔同管機張棧範以鎖定為
主

以上係天橋上下相連機具

上繰盤　架框竹二根長二尺各有圓眼二十四箇大一寸二分繰竹二十四根如筆管大長二尺二寸以分欵線

騎馬竹　一根管二則龍花來去不亂

定籤竹　一根管來去圓花邊花不亂

下繰盤　架框竹二根長三尺五寸各有圓眼二十六箇繰竹二十六根長二尺三寸管分下繰線

排繰竹　四根分中繰線四疋

繰交竹　四根管繰不亂

以上係綵盤相連機具

提花綫　分爲四節頭節爲欵長七尺如帘綢欵三百四十根每一根套中綵綫四根二節爲柵欄子雙套分兩股一長五寸五分一長三寸綫共六百八十根每一根下套中綵綫兩根三節爲中綵雙長二尺九寸雙綫套共一千三百六十根每一根中綵提經綫有提八根有提六根合算分用四節爲下綵雙長二尺六寸綫共一千三百六十根綵籤一千三百六十根長一尺七寸以

絶中繰線

以上係提花線相連機具

倉鈎繩　二根提倉壳子

木金錢　三箇套倉鈎繩來回三套可上可下

走引子　置天橋上可上可下

催機棒　一根以打走引子或上或下

猴子石　一箇木石皆可長一尺寬三寸、猴子繩一根拉範子上去、回頭繩一根拉範子下去

攬齒繩　一根長七尺名便繩

攪繩　一根長三丈八尺　象鼻子釘在左邊下

排檐外

金剛圈　一箇　羊蹄子一箇挂雲頭上用攪繩上

套羊蹄子中套金剛圈下套象鼻子來回

上三套下二套拉上繩則攪鬆拉下繩則

攪緊

彈條　一根用竹蔑管走引子使不下墜

底條　一根管梭子來去光滑

以上係運動機張器具

抵機石

支機石

倒挂石管接頭少線

邊墜石管邊勁之大小

機担石二箇管機範來去

梭子分彎直二樣以直爲上兩頭用鐵中安檀木心

穿緯管線

刮子用膠板一塊刮磨平順

鑷子出江南者佳

剪子同上

法竿子接頭使用全仗此力

交帶子拴交牽經使用
倉撇子管交口大小
過江繩按棧使用
釣機繩了機使用
接頭繩接經頭用
挽子繩踏花使用
鬆緊繩織摹本用
絆馬繩管花不漏
月亮繩搭花扒用
五星繩踏範子織用

橕斤繩管花線高低使用

理娘繩用絲作練梭子用

大郎繩用絲作分邊用

長短繩記織貨尺寸

搭汗布護綢緞用

橕漿布護顏色用

交棍竹通交使用

蓋挽捲經蓋線尾用

竹脚接頭取其齊截

排尖因斷線頭分界用

千里竿管經頭增减用
兎耳管邊線齊截發亮
扶梭板管梭子勁道
扶欅護篾護梭並管寬窄用
邊扒捲邊用
影紙架管看經緯考察毛病
紮伏壓經綢兩頭令捲齊
文刀裝金貨用
銅杖二根捲綢縐用
邊梳小木板有小孔數十穿邊線以免混亂

推邊柱看邊斷否

梭鈎梭子墜地用此鈎之

提籤二根管交棍移不傷線

浣花緞機 四川式

機制器具通用甯綢機不必再列祗敘範棧不同之處以備博覽浣花機用八範四棧寬二尺高長與甯綢範棧同範線套上口棧線套下口頭一千八百根係雙牽經篾九百齒每齒裝頭二根踩竿八根頭一花整順踏兩囘倒踏三囘兩輪三摸二花破織訣也由左向右仍照前順踏兩囘倒踏三囘

巴緞機四川式

機制器具可通用甯綢機用六範四棧寬二尺二寸範線套上口棧線套下口雙牽經三千頭筬一千齒每齒裝經三根共三千根單牽共六千根踩竿六根來同踏有素織花織之分素織一人花織二人

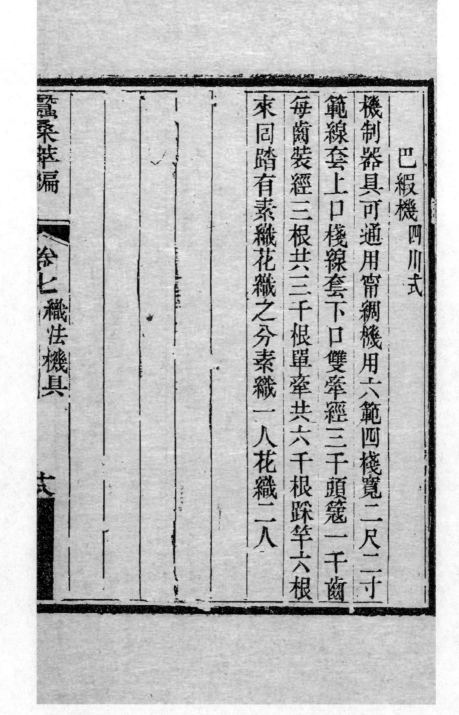

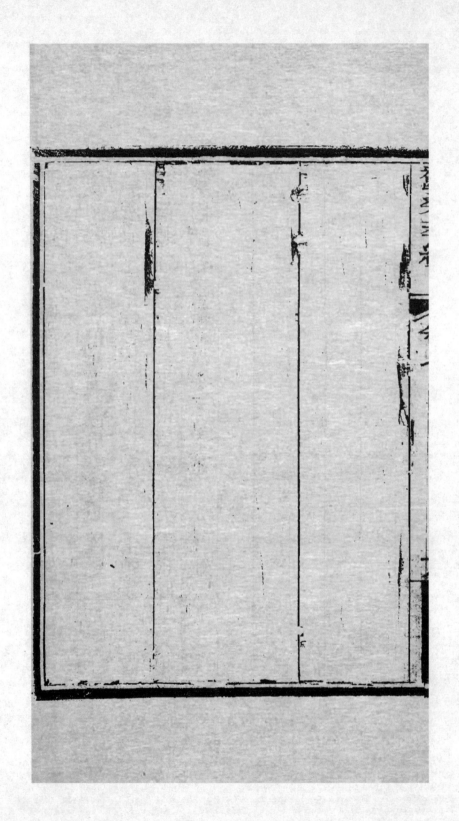

機上各物名目附

各機寬窄不同南北様式各别機上各物名目各處呼喚亦異大約俗名甚多不能盡證於古今就西蜀匠頭所述貢緞甯綢大機諸零件開列於後

上排沿下排沿　大機分二截此爲機身邊框在前爲上排沿在後爲下排沿又名頂根

闕門柱　織者坐於方架之下闕門柱卽左右兩木

火龍圈　卽花樓上盤

四柱　卽花樓四根立柱在火龍圈下

天橋　三木豎安名天橋架弓棚並安走引横木

內有一木係安立人以貫木鵰之板

木鵰　係横木板四塊長約三尺稍上有鈎上綴

繩蔑所以扯脚杆上下

立人子　天橋上前後立木

穿心　係木棍一根長約二尺從木鵰板中穿過

前後入立人

冲天柱　花樓上立木二根為冲天柱

天平　即花樓上横木

龍竿柱　左右四根附於四柱

花耳子　小鐵板兩塊長約五六寸貫花樓柱內每

板有小孔八箇

花角子　係圓木棍横安機樓兩邊出鐵條長約五寸

上綵盤　拉花方架在機樓上中安圓竹棍二十四根

下綵盤　亦拉花方盤中貫各線竹棍二十八根分各線提花用

八字篾　八根提範子用

鳳尾篾　綴於木鷗之稍共四根所以提下面横杆

彈條　竹篾一根長約四尺有繩拴釣立人

排繰竹　四根將繰分爲四格

繰交竹　在排繰竹之下竹四根與排繰竹相應

脚杆子　四根另有横脚杆亦四根上連木鵰

貓耳洞　即織者坐處脚後有洞以安置脚杆之處

千斤椿　即安脚杆之橛

交齒繩　所以司經線鬆緊

車筒　即運經後將經線捲起之木轆

馬頭　係四方立木所以安車筒軸者

坐板　織者所坐之板

扶寸　竹片二根視綢面寬窄爲之織時繃在綢

之下面可以令綢伸展竹片兩頭均安有

鐵針

扶梭板　即杼兩頭之板

篋一名杼

年牛　機下大木二根在上排沿之下左右有齒

均十七等所以安立坐處

寸樁　大立木二根在機身居中之處立於兩邊

所以安上下排沿者

雲頭　捲經木轅兩頭所安之四缺方木

蓋捥　即捲經軸上所附之木條

交帶子　理交口用

法竿子　理大小交

縧鐵　隆線用

影紙架　四方架安經線之下有交口處上鋪白紙
或白洋布可看經線是否條順

月涼繩　有此繩提花各線可以不亂

灣子繩

接頭繩　經線將次織完另上經線以舊頭接新頭
非此繩不可

吊機繩

裹娘繩　有此繩打交口不至損傷經線
鬆緊繩　經線鬆緊全在此繩
過江繩
同頭繩
花繩　有此繩提花可以清疎明白
交繩
雙筘　分界口
腰雞腳　可看歪斜
便繩　可看綢是否平亮
猴子石　交口來去必須此石

弓棚　經線上下須用之

弓棚篾　提花輕重經線不至受傷

弓絃篾　隨弓棚篾來去

蘸馬子　小竹片長約二尺繫於提蘸之繩

影紙　看經線是否條順用白洋布亦可

梭鈎　梭子墮地用此拾之

雞蛋石　司杼遠近

立坐釘　倉壳兩邊之長木條通入立坐須用釘貫之可以活動

長短繩　試所織尺寸

兔耳　有此可以邊亮整齊係竹篾圈安在上邊橫梁

推邊柱　看斷邊不斷邊

邊梳　小木板長二三寸上有小孔十數箇所以穿邊線以防混亂

邊扒　四方木框上纏邊線

邊墜石　挂在邊扒令分兩稍重故以石墜之

提籤　二根分交棍挪移恐傷經線須以此簽向前蕩之此籤必須光滑

抵條　倉殼內有橫木一條緊靠杼身

倉別子　管倉壳之繩用小木籤別之以便交緊

倉壳子　裝鱉用

木金錢　拴交繩木圈

走引子　在天橋上

挺木　穿心上有木一根名挺木可令穿心棍有
力且牢

催機棒　用短木棒長可三尺用推走引來去

千里竿　用此接取各物亦梭鈎之類

鵝頭項　管醮光二腿界口

排夾　分離木鵰令其活動

竹脚　管花麻不麻

搭汗布　護綢用

襯槳布　護綢用

登雲石　可看織梭有無準則

懷轅　捲綢横木一無寸㕔

蘸光二腿　即蘸邊框

紫排沿　托夾桿竹用

筧槽　係竹管一根破去上面横安機下擱零星

物件

土地石　頂年牛必須此石

公倒挂母倒挂　横脚桿四根一頭出於機左一頭
出於機右在左邊所托之木架爲母倒挂
在右邊所繫之木架爲公倒挂

範梁　即範子上横木

立坐　即機中間大木架下安於年牛者

範蘸　向上提者爲範子向下壓者爲蘸

花扒　小木板長約八九寸上有小孔四箇所以
於花樓上提緯線者

釘二毛　花樓高處安長板二塊名釘二毛所以架
花扒者

象鼻子　所以管交啇繩鬆緊
羊蹄子　挂雲頭上管交啇繩鬆緊內有滑車
金剛圈　拴交啇繩用
以上機式各物名目全

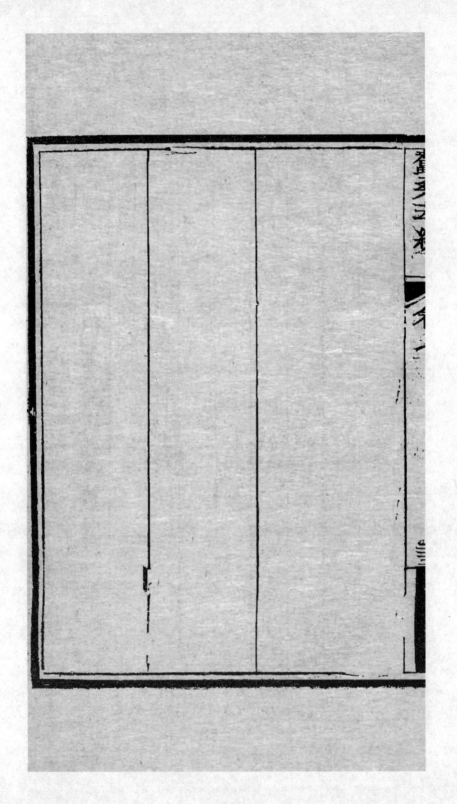

工藝類

梭織

經縷捲在籘子上可授機杼機制甚多工藝須巧只就簡便機言之亦能織緞綾綢絹紗羅但其制難以筆罄故列圖於後就圖詳解尺寸業織者自能一見了然織時將經縷根根穿過綜環綜俗呼為綃其制用木五根徑六分造成方架闊長各二尺中安一梁二人對坐以綜線二環相套縛於架上或一千或一千五或二千足數而止再用細竹竿二根大如小指長二尺二寸將綜線兩邊領起卸去綜架挂在機頂

羅麪栿之上每綜一付下用脚竿棍一根安在機之中間以便躡交若織無花絹縑只用綜二付若織提花綾絹將綜線縛於範架之上用十付下用脚竿棍十根又將䌯線從花樣中穿過挂於花樓之上花之式樣隨人所便江南織工以絲線盤結而成者其價上好花樣三兩有餘其餘小花不過一兩有餘織時一人坐在花樓之上手提䌯線一人坐在捲幅之後以脚次第躡竿旋提旋織自然成花又將經縷前後二根相並穿過筬齒以數絲拴一結復貫在小竹棍子上長與捲幅齊牽引經縷縛在捲幅之上兩邊再

拴邊線十二根織下另挂邊線緯束經線窄小必不能織須用雙綵合成壯線經挂拾交如上法收在邊籆之上在後邊右樁外側錠一鐵環將邊線從環中穿過牽引至前椽子對高梁上再錠一環復穿過引下將邊線停分開用竹片二箇長六寸上各鑽六孔將線後穿過孔中引至綜環分左右各貫六環復穿過篾邊齒三眼內緊繫捲幅上織時用磚一塊約重斤餘用繩子挂在邊籆之上自然邊線繃緊緯不能束邊易織再綢面用撐幅二根用竹片二箇濶二指長與幅等厚二三分兩頭各錠半截釘三根長二分

緊撐在幅上機制經緯安停妥當然後推撞拋梭自然成幅織具無他奇惟人自便智者斟酌損益而爲之自見其妙若肯親身經歷未有不能之事雖屬瑣細實係資生要務治生者不可忽焉

花機織樣

凡花機通身度長一丈六尺隆起花樓中托衢盤下垂衢脚對花樓下掘坑二尺許以藏衢脚提花小廝坐立花樓架木上機末以的槓卷絲中用疊助木兩枝直穿二木約四尺長其尖插於箆兩頭疊助織紗羅者視織羅絹者減輕十餘斤方妙其素羅不起花

紋與軟紗綾絹踏成浪梅小花者視素羅只加桃二扇一人踏織自成不用提花之人亦不設衢盤與衢脚也

腰機織造

凡織杭西羅地等絹輕素等綢銀條金帽等紗不必用花機只用小機織匠以熟皮一方置坐下其力全在腰尻之上故名曰腰機

結花本法

凡工匠結花本者心計最精巧畫師先畫何等花色於紙上結本者以絲線隨畫量度算計分寸杪忽而

結成之張懸花樓之上即織者不知成何花色穿綜帶經隨其尺寸度數提起衢脚梭過之後居然花現蓋綾絹以浮經而見花紗羅以糾緯而見花綾絹一梭一提紗羅來梭提往梭不提天孫機杼人巧備矣

經緯類

經絲

絲已上籰方可經縷而經必有其具先造經牙一付法用方木樁二根長八尺密錠二寸長木橛一行相去寸餘每根可錠橛六七十上下安撑枕二道濶一丈左邊木樁外側近頂五寸錠一木橛下去地五寸亦錠一木橛用時倚墻斜立經牙之下近右樁一尺五六寸地上置交墩一箇用木板一塊長一尺二寸濶五寸中安竹棍一行五根俱高一尺以左三根編大交以右二根挂小交對經牙相去五尺用繩懸經

竿長一丈上錠小鐵環五十箇畧與人肩齊下置絲
籰五十箇密排二行將籰上絲頭提起貫入經竿環
內總收一處挽成一結挂在交樴右邊第一竹棍上
一人手牽絲緒又挂在右邊椿下第一木橛上復牽
挂在左邊椿下第一橛上如此往來牽挂層層至頂
橛盡處如經縷只有二三十丈當間一挂之又將絲
緒牽在左椿外側木橛之外邊引至椿下橛上復牽
往右行至中間以左手提住絲緒以右手大指食指
向上將絲頭在二指虎口內一左一右拾成交挂在
交樴竹竿上以左邊三竹棍編大交以二邊二棍挂

捨下的小交復挂在右椿下第一橛上如前層層經挂迴迴拾交周而復始以足數而止絲頭或一千五百或二千三千酌量所織之輕重以為多少經畢在交橛外右邊空處剪斷將交用絲繩貫在兩邊拴緊若繩脫交亂則滿架經縷無用矣將兩頭俱挽一結再用繩拴緊然後用經籰一箇用木四根各長二尺造成方架闊一尺八寸內錠一釘將有交一頭以繩子拴繫釘上一人執定經籰緩緩將經牙上絲絡旋卸經訖再上絪牀圖附後

絪絲牀

紖牀之制用木四根徑三寸後二根高二尺六寸前二根高三尺四寸從二尺六寸處順安二大平桄徑三寸長三尺五寸下用樽桄四道安成方架長三尺五寸闊二尺五寸於前樁平桄以上高出八寸勒成扁榫鑽一大孔以套壓天籆架子二大平桄上中間相去三寸各安二擒齒以承天籆天籆者至大之籆也將纏籆上經縷復纏於此然後可以紖刷其制用木一根長二尺五寸徑六寸削爲八面每面安輻二條高八寸輻上安順桄一道共八桄十六輻湊成輪子放在擒齒內又於軸上中間錠一鐵釘子繫麻繩

一條以拴經縷將經籰上收下經縷無交的一頭拴
繫天籰釘上一人撥轉天籰一人兩手執住經籰旋
收旋纏緊緊又纏在天籰上至有交處方止然後將
壓天籰架子套在前椿扁榫上橫貫一細棍使不上
脫其制用木二根長三尺五寸一頭並安二樽桄成
一方架闊與紉牀齊一頭鑿四寸長卯用時套在勒
成扁榫上又以石板壓住架尾方不浮起交用二竹
棍長二尺壯如大指從交兩邊貫過將交夾在二竹
棍之中竹棍兩頭用繩子繫住不可令脫一人撥交
從交棍中將絲頭一上一下分清白挂在繩鈎之上

一人執竹篾貫頭或一千或一千五隨綢輕重酌量多少貫法用薄竹篾刻一鈎搭子從篾齒眼透過一人將絲頭二根如絲綾或四根五根如縐或八根者惟人所用挂在繩鈎上扯過齒眼收住挽一結齒齒貫畢用籐梯一箇其制用木二根長二尺三寸一頭於六寸處安撑桄二道闊二尺六寸椿頂刻二圓孔將籐子橫擔其上籐子用木一根徑四寸長二尺七寸兩頭各安搬橛四齒長七寸令籐梯去剎牀三丈將底桄以繩繫住再將貫過經縷以數十絲挽一結用一竹棍貫住牽剎至籐梯將竹棍橫架籐子上二

人搬轉縢子一人手執撥簪往來在經縷上撥挑如有粘䌁結絲俱用撥簪排開筬齒一過遂搬轉縢子容將經縷捆緊如有鬆漫處下面用紙一墊務要平緊一樣隨撥隨捲盡捲縢子上可以言織矣

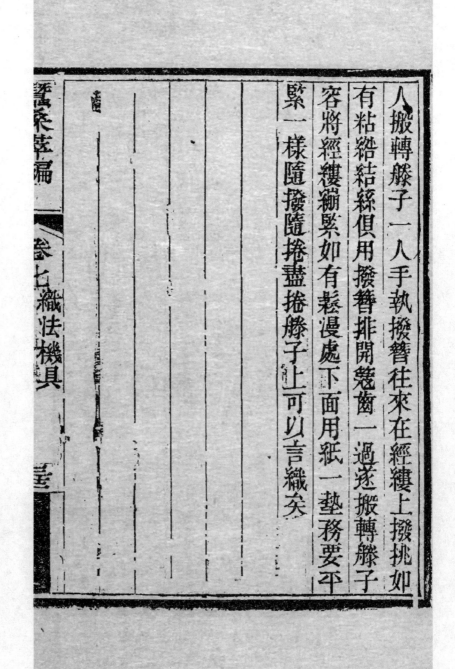

養欆蠶織粗細附

倒經法與細緞綢不同

盛淨筒以絡車收之車如繃車軸有柄出於背收訖列左右列䍦車籰長淨之半貫於筳轉車收左之緒謹去類之不盡者籰中積徑寸許爲一䍦脫之易籰若水絲收絡車訖脫之以米泔漚之宿之

倒緯

小趺方四寸厚半寸中植筳揉竹片爲提中孔之長尺徑二分之木爲道執中鉗牛角尖長二寸筳貫徑筩緒出提孔左引之右搦道執中顛倒收其絲節則

勻以昏齒角半沒則出而脫之抽緒頭束之絲之筦也恬當角者穴以貫梭緒先理而外如繅絲然也水絲緯同繅緯小經者半

牽經

橫經架二上排經柱行架如之貫簍有柄以次牽綰經柱足箆數止訖總之又貫箆牵之數以茅刷梳之蘸米泔光之而隨以火晞之自是上機與他織同

緞綢類

貢緞

組織乃工匠能事且有出自女工古多未載大約以密實勻淨花明色亮爲佳有毛頭斷緒跳絲起㨮隨時審視收拾剪摘或用刮刀刮之以期平正光華刮角刀以水牛者爲佳至提花拉花全在織者拉者心手互應按各色貢緞寬窄不等有三尺二寸者有二尺八寸者有二尺四寸者尋常銷售天青色所下較多此外有羅紋緞金絲緞大雲緞陰陽緞鴛鴦緞閃緞錦緞諸名全在花色辨別金絲緞金係兩層分面金底金花

本係五采配合所用梭線均分五色金線亦分數色
大約
御用諸料以及蟒裙並朝服滚邊多用之大雲緞寬二尺四寸長五丈零每雲一朵約大一尺雲分五色此料係貢物民間鮮用陰陽緞兩面俱正表裏相同範子用三十二扇鴛鴦緞一面係線緞一係錦緞表裏二色範子用十二扇貢緞提花即係摹本如將所提之花分為二色三色即為閃緞錦緞

平機甯綢

南省平機甯綢筬寬二尺四寸筬筬一千二百孔六

批繒六批醮每孔穿經絲染就者六根共九千六百頭（頭數多寡亦可隨意增減）織用熟經生緯下用脚杆六根擬織何項花色將花本過入花樓提拉成花每袍一件約長二丈二尺重十八兩五六錢

緞機甯綢

四川甯綢多用緞機故名緞機甯綢面寬二尺二寸筬眼一千六百孔四批繒八批醮每筬眼穿染過經絲八根計九千六百頭織用熟經生緯或用純緯純緯者係生緯在沸湯中醮過一次下面脚杆以及上花拉花大畧與南省甯綢相似惟拉花者有横拉豎

拉之分尋常袍料每件長二丈二尺約重十八兩三錢如擬加重於經絲時多加頭數或多增緯線均可加密厚實

洋縐

洋縐即湖縐用四批繒四批蘸面寬一尺六寸頂足者用二千八百頭輕者用二千頭因織時係左右線一梭撚線一梭散絲故織成起縐下用脚杆四根順脚挨次踏之經緯純用生絲織成後下機再爲湅染

線縐

線縐面寬一尺八寸織用四批繒八批蘸一概用龍

抱柱綫龍抱柱者一根鬆而粗一根細而緊故織成時面帶綹紋下用脚杆八根順脚踏去過花拉花約與甯綢髣髴

紡綢

雙絲謂之紡綢單絲謂之裹綢面寬一尺六寸或一尺四寸計一千八百頭織用紡過生絲下機後再爲練染亦有先染後織者頭數多寡可以隨時增減

巴緞

巴緞惟川省多織他省織者甚少緞面寬二尺二寸筬眼一千孔每孔穿紡絲三根計三千頭織用熟經

生緯下面腳杆六根來回踏係六批縐八正蘸每袍料一件長二丈二尺約重十七八兩僅有小方花或胡椒眼者仍爲素緞另有團花大花者方爲花緞此料輕於甯綢綫縐亦在硬面之列可製袍褂禮衣價值較省

浣花緞

浣花亦卽巴緞面寬二尺其織法係下用腳杆八根頭一花整係順踏兩回倒踏三回兩輪三摸踏分倒順二花破由左向右照前順踏兩回倒踏三回每袍料一件長二丈四尺約重十六兩八錢

花綾

各綾俱係踏花龍鳳綾寬一尺二寸尋常花綾襪綾寬一尺三寸脚下正杆五根杆分兩層上層者五根下層視所織之花隨時配合多寡左脚踏花右脚踏經

三紡綢

取絲之條勻者以紡車紡至三次初紡則條緊再紡則條勻三紡則絲路均勻條理細緻只用中等機織之自佳

雜綢

諸綢曰魯山綢曰饒陽綢曰遵義府綢其上也其粗勁而皺者曰雞皮繭次也毛綢又其次也水綢雖先於府綢品最下而名目獨多其雙經單緯者曰雙絲單經雙緯者曰大雙絲單經單緯者曰大單絲小單絲者但疏而狹亦曰神綢

綢病

售綢權輕重爲價銖兩同價相若此謂府綢水綢價以匹不以銖兩織戸以此故膠以米粉以綠豆綢下機則畢染粉以膠膠之以碾碾之以炕輥炕之令粉與絲化府綢增重多者至十分四之三今府綢已有行禁不爲此惟水綢仍舊若水綢

則藥於染其青色紫色大紅天青佛青剛青者藥蜀
穄其黃綠淡綠魚肚白喜白水紅桃紅洋藍棕色秋
緗玫瑰諸色者藥綠豆各有法惟膠者同至增重十
分匹之五綢以此病利之所在終不能止也然貨善
速售利與僞相得惜不爲

胒綢

府綢韌先令胒戸揉之後令染戸柔以豬油

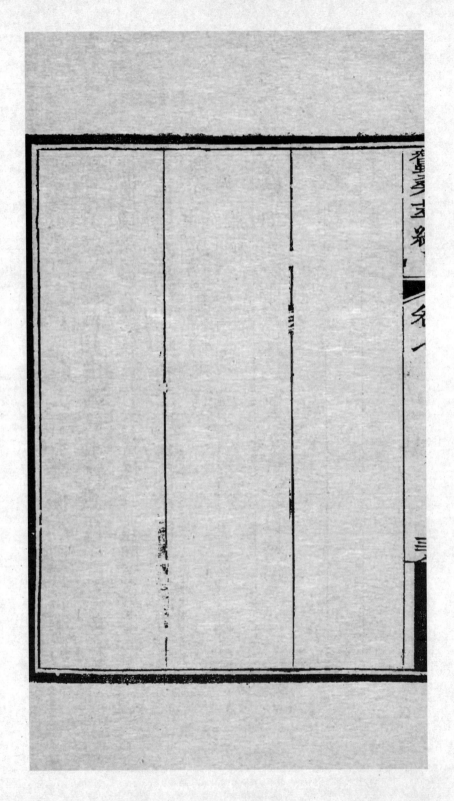

附記

蓋聞工欲善其事必先利其器一器有一器之用斯一工有一工之名分門別戸工器備具以言乎車則曰水紡車旱紡車楨車運經車以言乎機則曰貢緞機摹本緞機巴緞機浣花機甯綢機宮綢機川大綢機裹綢機紗羅機絹帶機欄杆機以言乎工則曰絡工紡工捶工織工挑花工拉花工以言乎經緯則曰生經熟經生緯熟緯素經色經素緯色緯以言乎所織之物緞則曰貢緞提花緞摹本緞浣花緞錦則曰蜀錦回回錦綢則曰甯綢宮綢紡綢川大綢魯山綢

曲綢汴綢裏綢縐則曰線縐平縐湖縐川縐洋縐東縐羅則曰金銀羅熟羅生羅春羅紗則曰庫紗官紗實底紗芝蔴紗亮紗絹則曰大絹小絹生絹熟絹帶則曰扣板帶腰綢帶腿帶板縚絲帶辮則曰大小欄杆緞底欄杆大小博古大小綉花縧其名甚夥其器亦分聊附篇末

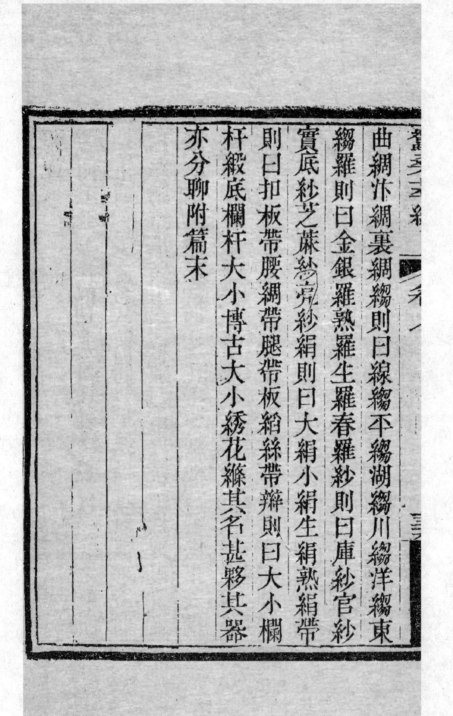

綿譜

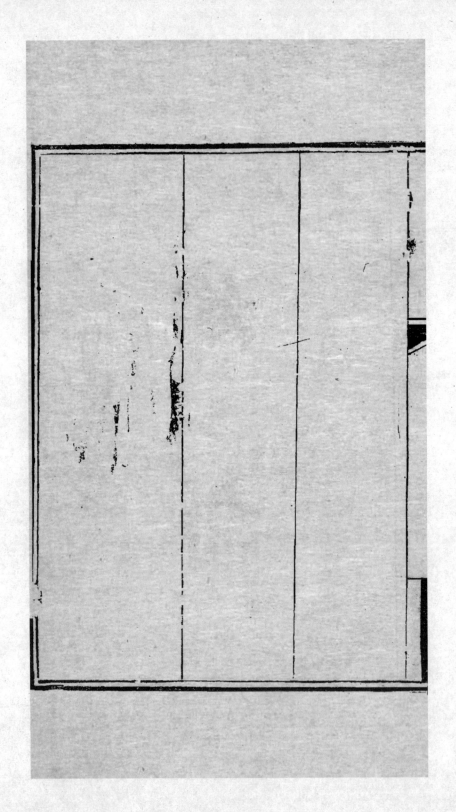

蠶桑萃編卷八

棉譜目錄

繭餘類
無棄繭　各樣芳繭　蛾口破繭
水繭
製棉類
隨方圓法　分先後次　有同異習

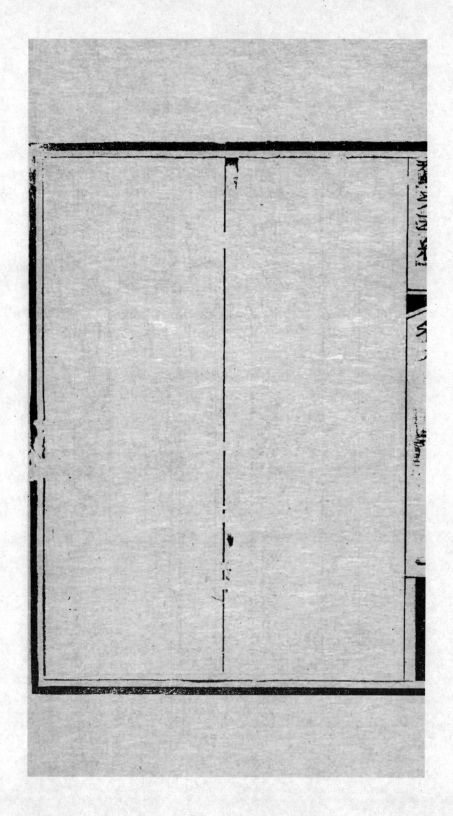

蠶桑萃編綿譜卷八

繭餘類

無棄繭

凡繭之有頭緒者均可煮絲惟各樣劣繭雙繭血繭輭繭臭繭於摘繭時檢出蛾口破繭於下蛾時挑出水絲頭繭於煮絲時撈出此皆不上頭分不成條理者取以作綿繭之餘利天地無棄物是也

各樣劣繭

一摘繭時挑出各樣劣繭可以做綿以清水浸之每日換二三次且須多浸幾日以去污臭

蛾口破繭

一出蛾時留下蛾口破繭煮絲既不上頭做綿亦可備用其污畧少須水浸一二日無庸久浸

水繭

一繰絲時撈出不上絲頭水繭亦可做綿歇車後將水繭置鍋中沸以原湯煮透後以絲帚撥攏蛹蛹皆離絲而水繭牽連成片次早取出盛一蒲包以重物壓乾提起牽連成片之絲攏去蠶蛹置放日中曬之令乾俗云絲搭頭亦謂水繭做綿尤宜

製綿類

隨方圓法

做張綿法其式有圓有方有長有斜不拘一定然其

製之要確有不易者

分先後次

一曰去污水浸各項劣繭以絞不出污水爲度

一曰煑熟繅絲已畢以稻草燒灰桑柴灰亦可瀝汁

入鍋再以大碗盛香油一杯用灰水沖入椀內候鍋

中灰汁煎滾時開將已經浸去污水之各樣劣繭及

蛾口繭絲搭頭水繭倂投於鍋隨以椀內油灰水一

半勻澆鍋內數滾之後將繭翻轉復以所餘一半油灰水入鍋再煮務期煮熟

一曰漂淨煮熟之後乘熱取置篩內放之水中淘洗潔淨

一曰剝開漂淨之後放水盆中挨箇剝開

一曰做手透子剝開之後以繭套左手之上以右手摘去蠶蛹將繭徐徐拉扯一邊扯至手掌一邊扯至手背謂之剝手繡亦謂之做手透子約計大繭五六箇或小繭十餘箇可做一箇手透子

一曰做綿兜做成手透子後即將手透子蒙於綿粭

上將綿扯寛扯長然後逐層加增逐層拉扯約計手透子四箇可成一箇綿兜

一曰曬乾做成綿兜之後隨時曬乾便是絲綿

一曰雪白曬乾之後須色極白爲佳或以漿粉或以白灰不潮而色永白此便成裝

有同異習

一法有異同四川湖州杭州均大同小異去污之後蜀中杭中以香油一杯煮繭湖州則以木爉燭油二三兩同煮煮熟之後蜀中杭中乘熱淘洗湖州則以清水漂浸四五日換水三次剝開之後蜀中杭中以

繭數箇或十數箇做成手透子然後將手透子蒙於綿豁之上做成綿兜湖州則以繭四五十箇套於左手上將綿扯至手掌手背再以右手插人綿內一一拉長一一拉寬即成綿兜隨時曬乾不再蒙於綿豁之上

蠶桑萃編棉式卷八終

線譜

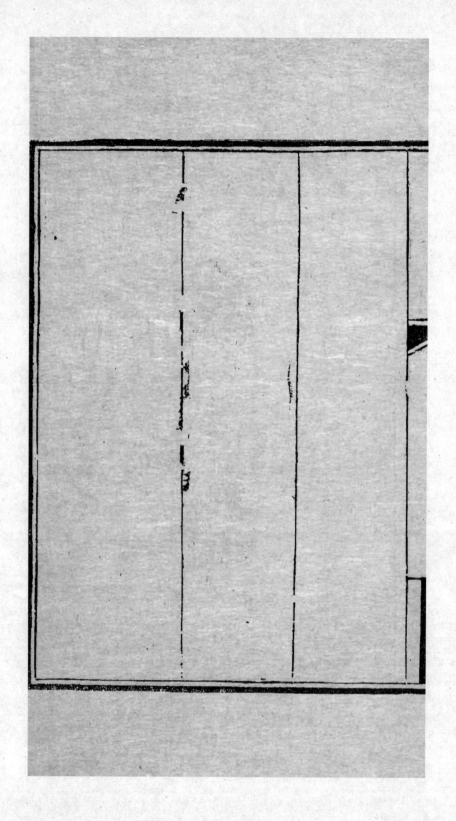

蠶桑萃編卷九

線譜目錄

繭絨類

繭衣絲頭　各樣醜繭

抽線類

棉乂抽線　銅墜撻線　銅錠撚線

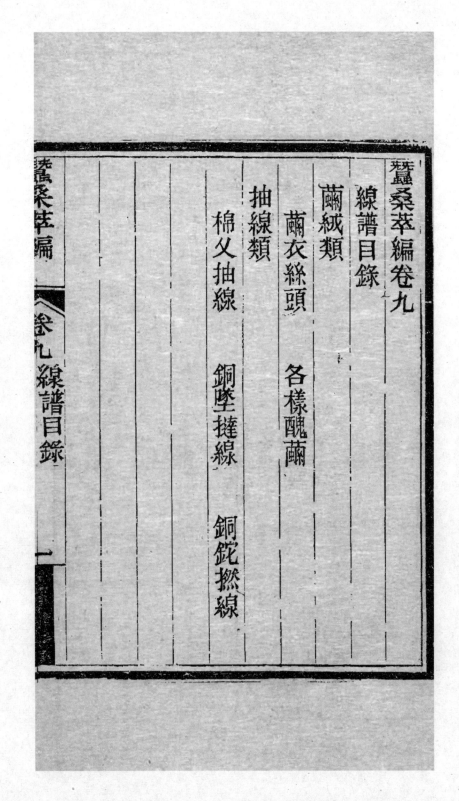

蠶桑萃編綿線譜卷九

繭絨類

繭衣絲頭

繭衣即攤繭時從繭繞剝下者絲頭即繅繭時從鍋中撈出者用以搗爛均可做綿然不甚煖浙湖多以抽線繭衣無污可去剝下之後不必久用水浸亦不須桑灰汁稻草灰汁但以清水煮之一經煮熟以手撕開鋪放薄板之上浮於水面以小竹枝或小條帶水撻之以撻薄撻絨爲度置日中風乾即可作線至絲頭作法亦須撻至極薄極絨法同前

各樣醃繭

醃繭不論何項凡可做綿者皆可抽線惟抽線在成綿之後綿以鬆爲佳以絨爲上如不鬆不絨便難抽扯須照製繭衣法將綿浮置水面以小竹枝或小條帶水擊之取出曬乾便如彈熟棉花或先以滾水淋木炭灰務要淋得極釅用舌餂試以辛辣刺舌爲度次以竹篩盛繭斤許再將炭灰汁入鍋內燒滾於繭上勻潑數次然後將繭篩安置鍋上以滾炭汁淋之篩中炭汁仍入鍋內用手試扯以絲開爲度如扯不開取汁再淋絲開之後將篩置鍋內蒸一杯茶時然

後取出蒸如不及則生而難扯蒸如太過則腐而無筋取出之後將繭撥轉套於筷子之上候套至一二十層然後取下取下之後再浸於淨水盆內以手握洗十餘次去其灰氣然後如法抽線

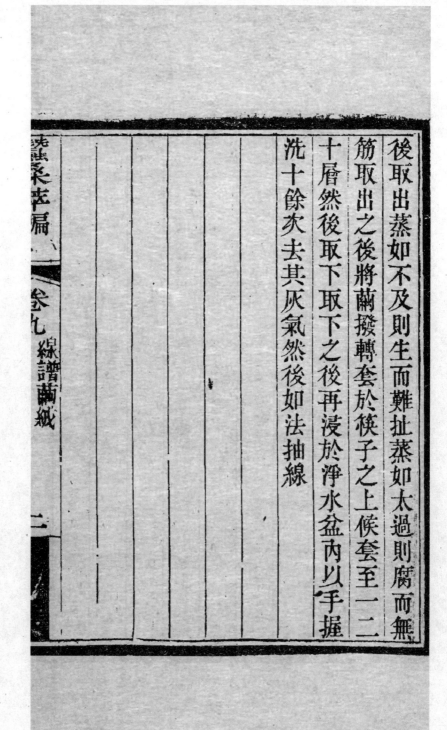

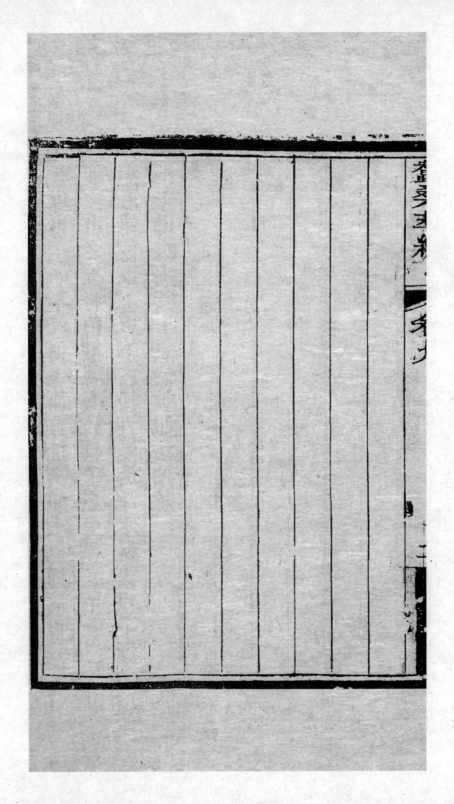

抽線類

棉乂抽線

綿乂抽線之法先將絲綿挂綿乂上次以左手大指二指中指捻綿向下抽扯以右手大指二指將左手抽出之綿撚而成線如搓紙撚子一般候線長尺餘然後將綿之下截纏繞蘆筒之上線之上截纏繞墜梗螺紋之上復以手撚之自然將墜梗帶動墜梗愈旋轉愈下墜線亦愈引愈長候墜梗之地即解開螺紋上之綿線纏繞蘆筒復以其餘纏繞螺紋仍用手撚之候筒上綿線纏成大捲再將筒取下另換一筒

謂之打綿線以勻爲隹不必過細可織綿綢

銅墜撻線

銅墜撻線之法以兩人相去三四十步一人執銅墜立三叉邊一人扯絲速走往返同還以線愈緊條愈細爲隹大凡打絲線者皆以好絲爲之而線之用路廣以及縫紉顧繡五色花線均須撻以好絲或一人撻線以銅墜轉之其法亦便故絲線爲上絲綿線次之此線式也

銅銑撚線

各省行銷絲線最廣適於民用最多衣服領帽韡鞋

纓絡無非線以成之故線爲千家所需雖家鄉僻壤莫能遺焉大凡棉布衣服可用棉線若絲綢縝物惟絲線相宜因無沾帶棉絮之嫌其線之名目有粗五銖細五銖大銷線二銷線並衣線等項捻之之法用極細絲視製線之粗細湊條數之多寡如捻衣線用細絲六七根合之捻銷線則用細絲十五六根捻衣線用銅鉈重七錢捻銷線則用銅鉈一兩三四錢捻時將線架置於寬闊地面視製線長短爲線架遠近大約每架置線八條長以六十尺爲度剪而用之每線一架長一尺二三者可得線五十餘根隨後再爲

練染此其大畧也

蠶桑萃編綫式卷九終

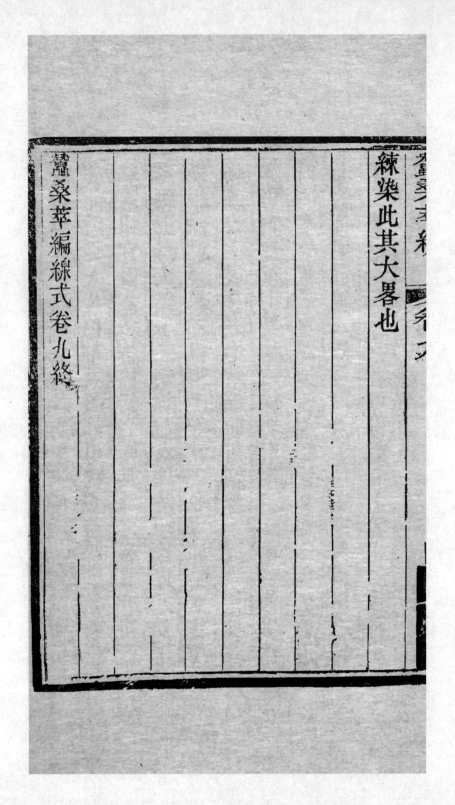

花譜

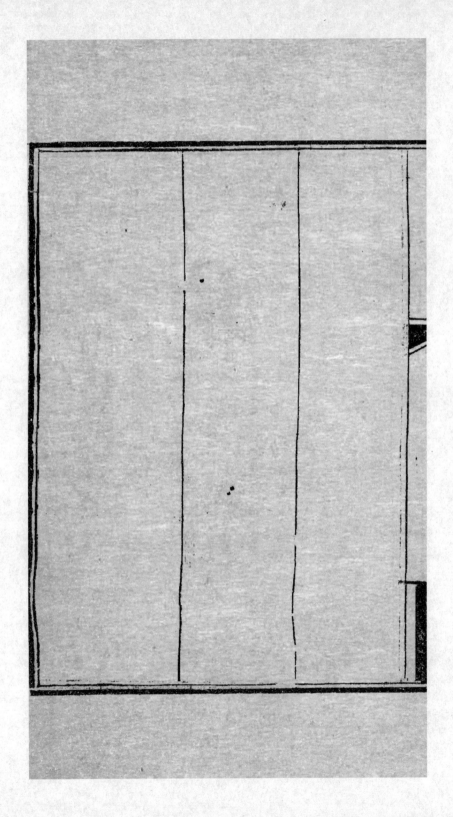

蠶桑萃編卷十

花譜目錄

花卉類
花樣新式
挑花論
挑花紙格法
挑花通畫理法
花紋類
花紅線架樣
花分陰陽紋

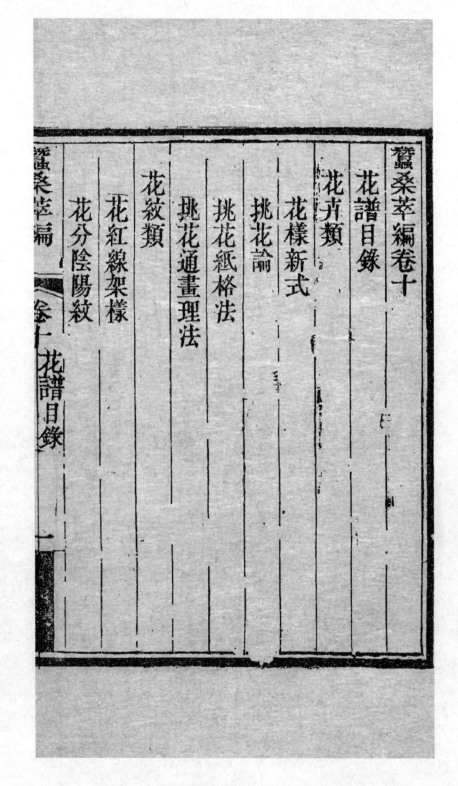

花格横直紋
提花口號
花分門徑
花樓織機式

蠶桑萃編花譜卷十

花卉類

花樣新式

凡花必先挑而後織非善挑不能善織亦非善織不知善挑故挑花織花本分二事實則歸於一致花有本挑有式織有法花本何凡綢緞衣服花樣皆是挑式何凡教習指畫端倪皆是織法何凡機上篾線縉範皆是必心思靈敏算數清楚挑者先將花樣挑成織者即將花樣織就兩下如出一手是爲神乎技矣因擬花樣新式記

一貢貨花樣式　天子萬年　江山萬代　萬勝錦
太平富貴　萬壽無疆　四季豐登　子孫龍
龍鳳仙根　大雲龍　如意連雲　朝水龍　八仙
祝壽　二龍二則　八結龍雲　雙鳳朝陽　壽山
福海
一時新花樣式　富貴根苗　四則龍　福壽三多
團鶴　樵松長春　鬧喜莊　五子奪魁　歡天喜
地　松鶴遐齡　富貴百頭　大菊花　大山水
大河圖　大壽考　大博古圖　大八寶　大八結
花卉草蟲羽毛鱗介錦文諸搬

一官服花樣式　二則龍光　高陞圖　喜慶大來
萬壽如意　掛印封侯　雨順風調　萬民安樂
忠孝友弟　百代流芳　一品當朝　喜相逢　圭
文錦　奎龍圖　秋春長勝　五蝠捧壽　梅蘭竹
菊　仙鶴蟠桃
一吏服花樣式　窩蘭　八結祥　奎龍光　傘八
寶　金魚節　長勝風　三友會　秀麗美　枝子
梅　萬里雲　水八寶　旱八寶　水八結　旱八
結　花卉雲　羽毛經　走獸圖　佛龍圖
一商服花樣式　利有餘慶　萬字不斷頭　如意

圖　五福壽　海棠金玉　四季純紅　年年發財
順風得雲　小龍兒　富貴根雖　百子圖
一農服花樣式　子孫福壽　瓜瓞綿綿　喜慶長
春　六合同春　巧雲鶴　金錢鉢古　串菊枝枝
菊　水八仙　暗八仙　福壽綿綿
一僧道服式　陀羅經　福帶　唵嘛呢叭𠺗吽
舍利子　八結祥　串枝蓮　佛貢碑　藏經字譜
九子蓮花　富貴長春　金壽喜圖　蓮台上寶
喀喇路帶　其花在甲
以上花樣服用所宜雅俗共賞固由織工之巧

實緣畫工之奇而其要則在挑花本者之爲畫工傳神織工設相鴛鴦繡出憑君看可爲贈之

挑花論

古人作會以五彩彰施於五色攷工記曰繪人掌王宮衣服繪畫之事此花樣所由昉顧一藝雖微具有法竅習其業者每多口授絶少傳書特將挑花織花製器諸法一一詳之凡綢緞綾羅絨縐之類有素質者皆可施之以花絲分經緯紋配陰陽算其數目規以尺寸花樣任人自取總以精緻爲工挑花之法先將花樣畫於紙上擇其善者挑之挑易畫難畫花者

分各種筆法總以鐵線文爲首如刻字圖書畫譜一般初畫不工用剪裁開算好大小做好樣式再經營意匠套畫一張取其眉目清白氣象玲瓏此爲法訣

挑花紙格法

取花樣須用五道紙張第一道自已想出時新者畫出爲式第二道照式畫好第三道擇畫工好樣式並四鑲安置玲瓏者套畫一張第四道用底紙粘放花樣大小合式第五道用薄亮細紙將花樣描畫乾淨然後打横順格式用鉛粉調清涼水使筆全抹一通方免紙光傷眼候粉乾用紅綠洋膏子色記明碼號

方好挑取其橫順格一格爲一片卽是一空空有大小多少不等此以數結成橫格者梭數目也一切起花皆在梭數橫順上分辨熟於經緯者自能巧奪天工也

挑花通畫理法

花之類不一有木本有草本挑花者忌直貴曲如梅桂爲木本梅幹曲則以椿頭爲主花枝爲配桂幹直則單用花不用幹芍藥牡丹菊花爲草本花皆出葉上取其反正相生向背有情見花葉不見枝幹爲妙卽如竹蘭幹直葉直花亦直挑竹者節不取其長枝

葉横順遮護挑蘭草者長短相間花枝陰陽穿插直者曲用方爲合式更有花木相兼者如福壽三多之類花木與禽鳥相兼者如仙鶴一品之類神而明之存乎其人耳

花紋類

花綳線架樣

製花綳用堅細木四條兩長兩短約寬一寸五分厚二寸兩長條兩端鑿眼貫以短橫條中空長三尺六寸寬一尺八寸上橫條錠圓竹釘十顆以挂欵線下橫條鑽十圓眼以穿欵線作橫木板領之傍左長條裏逗走馬竹一根以穿過線外用篾二張以分上下欵線式如左

花分陰陽紋

順欵線經絲是也橫過線緯絲是也經絲有常緯絲

多變緯有二名在弦子上爲穿花線移傳上機爲過線線有定數花分幾層無論何等花樣皆在橫順斜正上取繡花在其面描花在其紋架花在其方刻花在其楞繪花取其靈印花取其工染花取其通攢花取其名木雕花隨其影諸般花樣不盡言翻新鬥巧務當專諸般手藝勤勞力虛說空談是枉然凡起方花順經橫緯以方就花即是方塊配方鑲花起斜紋花草以情爲妙以形爲主其中並不依花只論紋路在數目上分變動莫妙於用借線法借線者當花形曲折灣環處須要抽空騰挪或就機上線減此增彼

或另用緤線補空添梭隨灣就灣織成時方免漏堂直紗碍眼諸花俱重順紋雖摹本花重横紋順紋主靜一成不變横紋主動有錯易改横紋比順紋尤易但重横紋者不敵順紋之結實耳

花格横直紋

機絲數目每寸約八十根每格多少線數横順皆同即如一格以一寸爲度起大團花周圍一尺八寸有零穿心徑六寸以每寸八十根計之乃六八四百八十根計横順各六格起梭撇一根過線半邊挑欵線十二三根兩邊共挑二十四五根之譜其團花之法

用算法分配排八方從中分之乃是兩箇半塊花挑花從方塊起手左右數目照格子算好從中分四牙四牙又分八牙挑從一牙起輪挑至八牙止第二棱挑欵十餘根在八牙斜縫中只挑一根過線一根欵線分搭均勻以上二牙爲正中起手之時欵少過線多挑成之後欵多過線少再看格子內橫順成紋每格一樣通體貫氣陰陽二紋交通織成方有光彩能織大團花則格子之疏密線數之多寡爛熟胸中矣

提花口號

近來川浙工匠手藝精巧細詢其故第一心要有恒

不可因事動氣或作或輟盡萬緒千頭理歸一貫無論何等花樣想得出卽畫得出挑得出卽織得出起手卽要做成不可另參別件恐擾心思傳置機上須用三人一提花一挽緫一貫梭提花挽緫者聽執梭人口中所唱唱某字卽知提某花貫一梭唱一聲三人手口合一卽無停梭矣

花分門徑

織龍團先取眼有眼珠有眼匡還分黑白眼仁就綢緞上陰陽紋借紋成匡如起圓花之法當中挑欹線三根撇一根就分出黑白眼仁挑龍爪起欹線橫順

數根又提過線數根以撤之穿心爪根卽用横順斜正之法又挑龍頭以如意式奇雲式爲佳鼻舌宜大齒牙宜尖鬚鬑要灣環骨角崢嶸臉皮蒼老龍身如斑爛松幹鱗甲紛紜通體貫氣有淩空翻舞之象方爲合格神乎此技其他禽獸人物諸花舉一反三可耳此挑花之門徑也

花樓織機式

外洋機器以錢爲主借水火力甚屬巧便所費不輕中國以竹木爲機式上提花名曰花樓雖純用人力不敵洋機織物之速所織花樣實遠勝外洋足見此

長袖短製機之法各行省俱能爲之不具式其佳者惟吳蜀今直隸亦有之

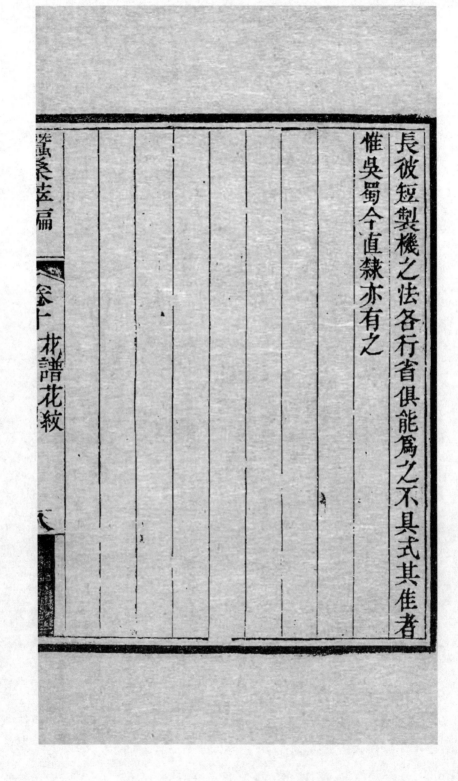

蠶桑萃編

卷十一圖譜

蠶器圖類

桑器圖類

紡織器圖類

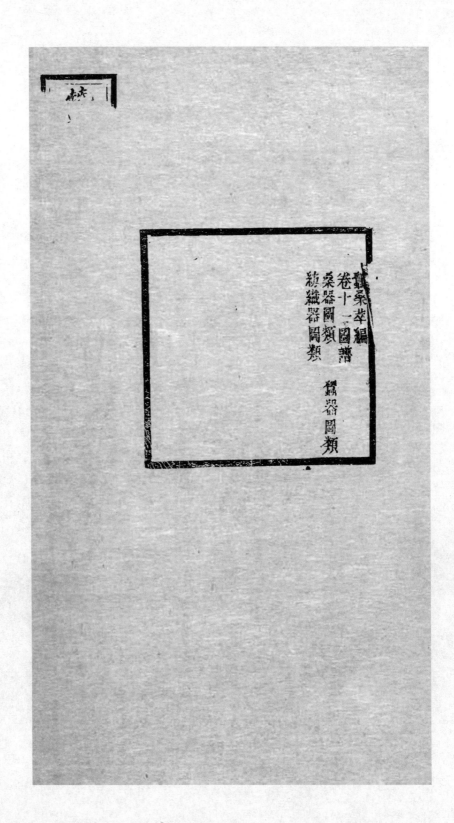

圖譜

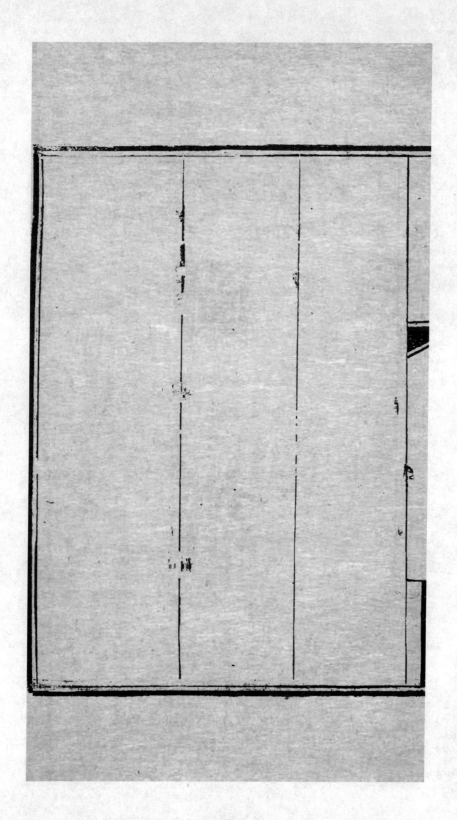

蠶桑萃編敘

光緒二十有一年春余奉署理直隸總制之
命甫視事而蠶桑局衛道以所撰蠶桑圖說寄呈問序余
維蠶桑之利衣被羣生自
國朝康熙三十五年
御製耕織圖民賴其利富庶日增惟北方地寒多歉蠶利未
興今合肥李傅相於保定創開蠶桑一局痌念民瘼
籌生計也檢閱衛道所著蠶桑一編自桑政辨時治
地蠶政祈神育子以迄繅絲製車攀花成錦次第節
目纖細該備編戶齊民都可誦解以視昔人蠶桑各

書於直省時令土宜民情更爲切近非稔知允蹈烏能簡當若是乎夫胡棉之利與其種植紡織功省事便民賴其用而蠶桑之產日就耗減惟江浙川蜀俗尚繭絲故纂組文繡之奇甲諸行省說者謂天時地利南北異宜風氣所關靡克補挽然考諸往代王后親蠶繅三盆手分田畫井五畝樹桑曷嘗有畛域之分人事之別哉是在爲上者教之以法授之以具敦勸而勉行之耳昔方恪敏公督直時繪棉花圖以勵本業至今流播傳爲美談今李傅相興辦蠶桑而衛道實理其事撰此圖說行將家喻戶曉積漸推廣

因民所利而利之於以仰副
朝廷衣被天下之意豈不懿歟余權篆斯土民隱勤求凡
吏治民生之切要者雖值軍書傍午靡不盡心籌策
纖細不遺暇閱此蠶桑一編司事者其克勤厥職也
因公餘而爲之序云
光緒二十一年乙未冬十月直隸總督仁和王文韶撰

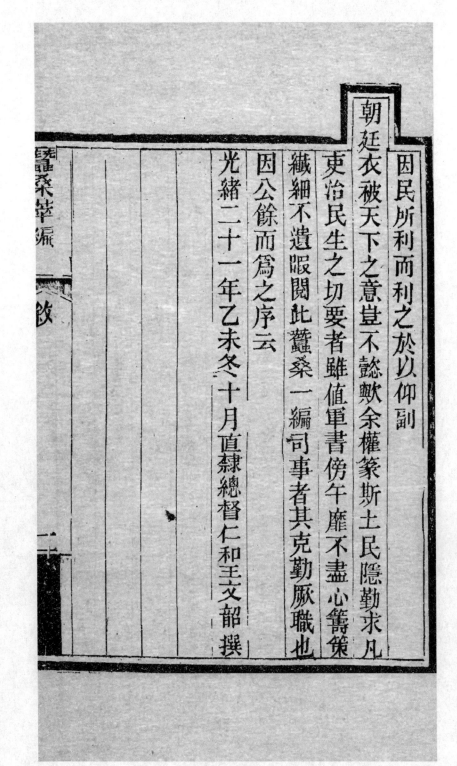

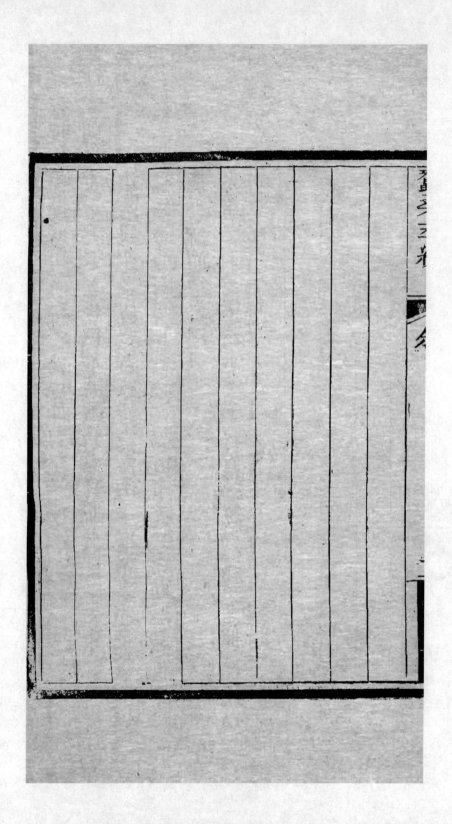

蠶桑萃編卷十一

圖譜目錄

桑器圖類

桑梯圖　桑鈎圖　桑網圖

桑籠圖　桑碪圖　桑夾圖

蠶器圖類

火倉圖　擡爐圖　藁薦圖

箔曲圖　蠶筐圖　蠶盤圖

蠶槌圖　蠶架圖　蠶網圖

葉篩圖　團簇圖　馬頭簇圖

蠶室圖　祀先蠶圖　下子掛連圖
擇種圖　浴種圖　稱連下蟻圖
分蟻圖　頭眠圖　二眠圖
大眠圖　上簇圖　摘繭圖
蒸繭圖　晾繭圖

紡織器圖類

冷盆水絲圖　熱釜火絲圖　脚踏紡車圖
解絲絡車圖　緯車圖　絲籰圖
江浙水紡圖　四川旱紡圖　經絲圖
絹絲牀圖　織機圖　織紝圖

砧杵圖　棉矩圖　絮車圖

謝先蠶圖

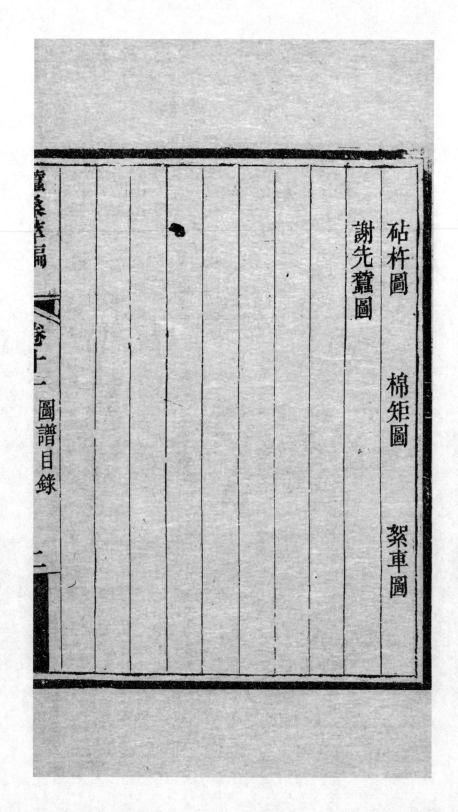

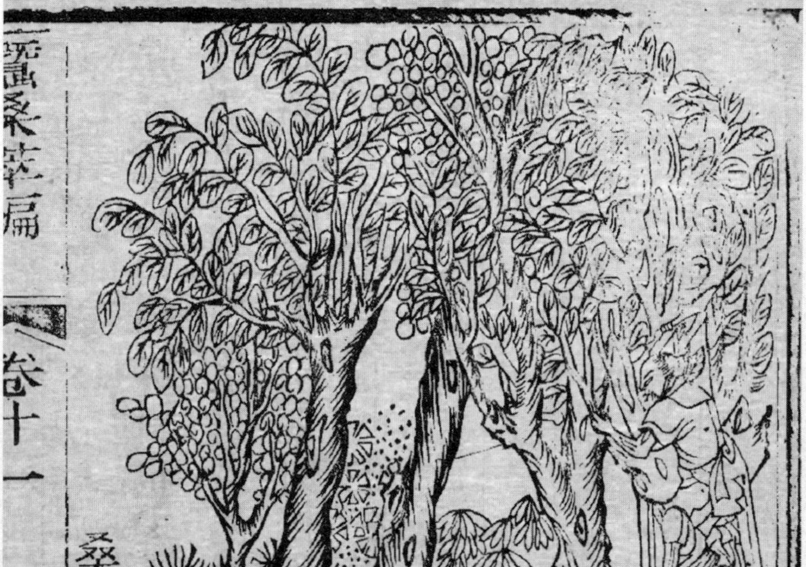
蠶桑萃編
卷十一
桑梯圖

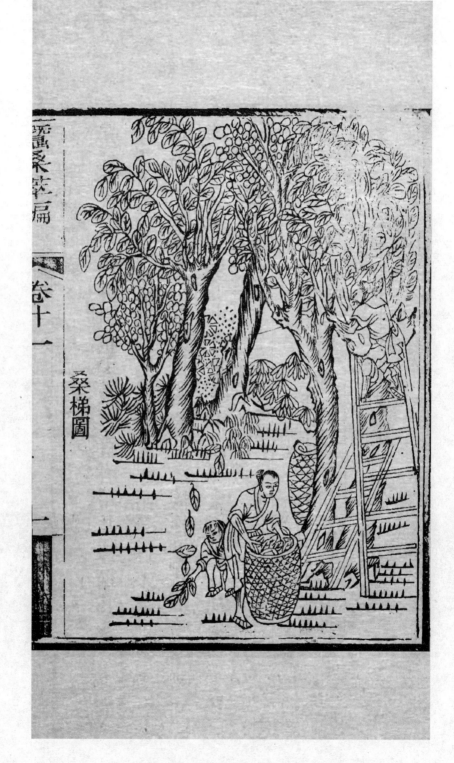

桑梯圖說

桑梯說文曰梯木階也夫桑之稺者用几採摘其桑之高者須梯剶斫梯若不長未免攀附勞條不還則鳩脚多亂樛枝折垂則乳液旁出必欲趁手高下隨意去留須梯長可也齊民要術云採桑必須長梯梯不長則高枝折正謂此也

蠶桑萃編
卷十一
二
桑鈎圖

桑鈎圖說

桑鈎採桑具也凡桑者欲得遠揚枝葉引近就摘故用鈎木以代臂指攀援之勞昔者親蠶皆用筐鈎採桑唐上元初獲定國寶十三內有採桑鈎一以此知古之採桑皆用鈎也然北俗伐桑而少採南人採桑而少伐歲歲伐之則樹脈易衰久久採之則枝條多結欲南北隨宜採斫互用則桑鈎爲採桑要器

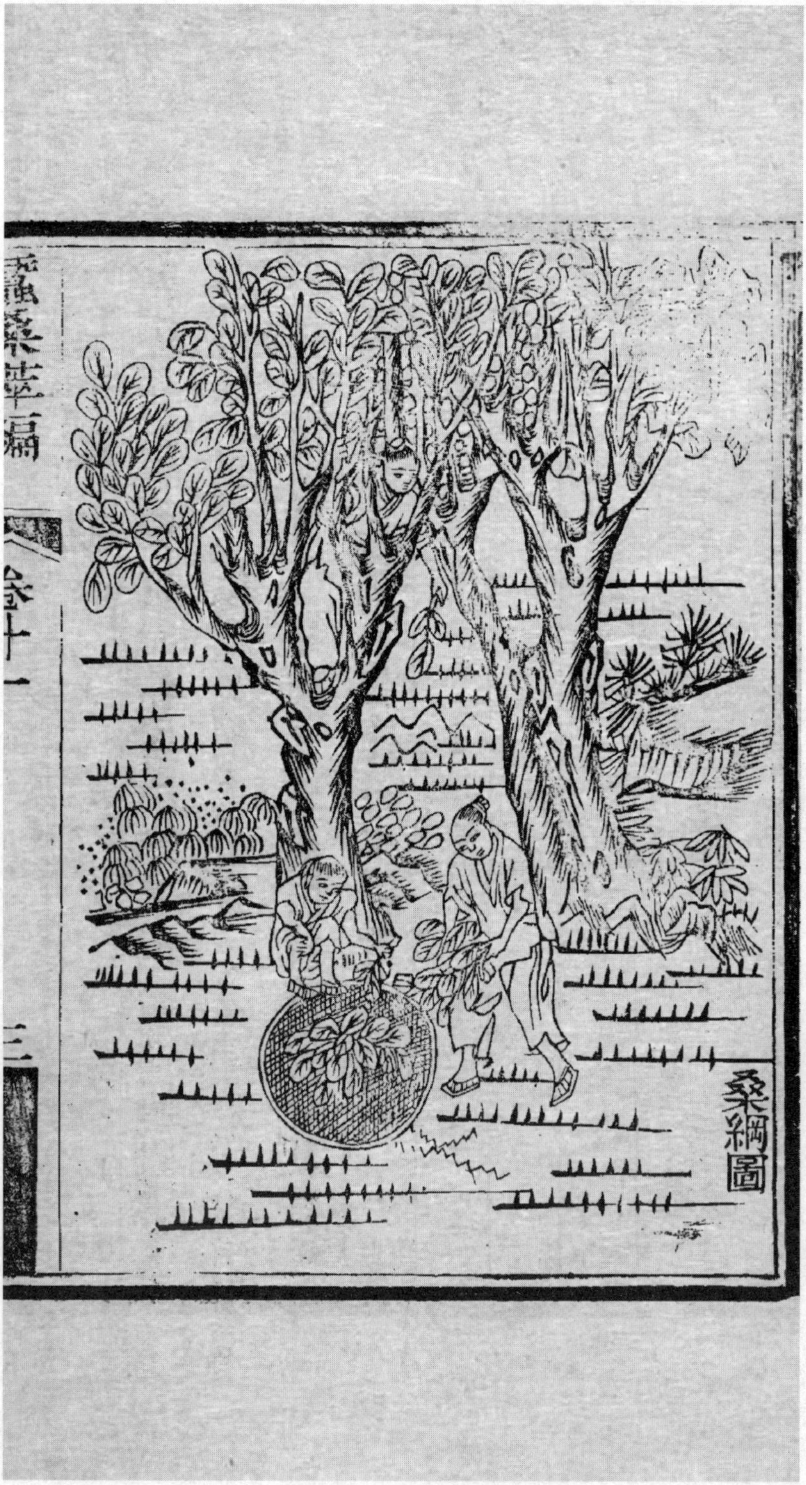
蠶桑萃編
卷十一
三
桑網圖

桑網圖說

桑網盛葉繩兜也先作圈木緣圈繩結網眼圓垂三尺有餘下用一繩紀爲網底桑者挈之納葉於內網腹旣滿歸則解底繩傾之或人挑負或用畜力馱送比之筐盤甚爲輕便北方蠶家多置之

桑籠圖

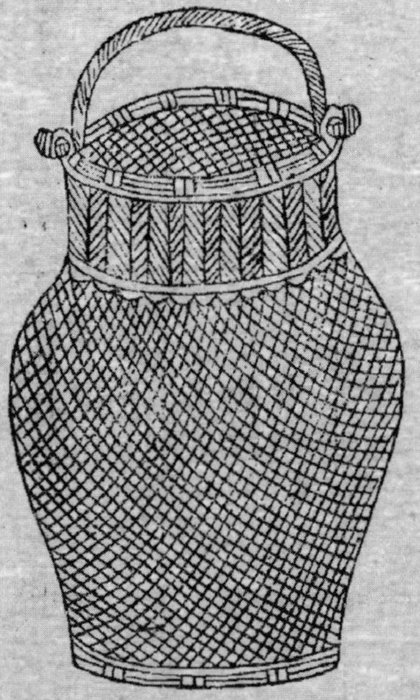

桑籠圖說

桑籠集韻云籠大篝也即今謂有係筐也桑者便於携挈古樂府云羅敷善採桑採桑城南頭青絲爲籠繩桂枝爲籠鉤今南方桑籠頗大以擔負之尤便於用

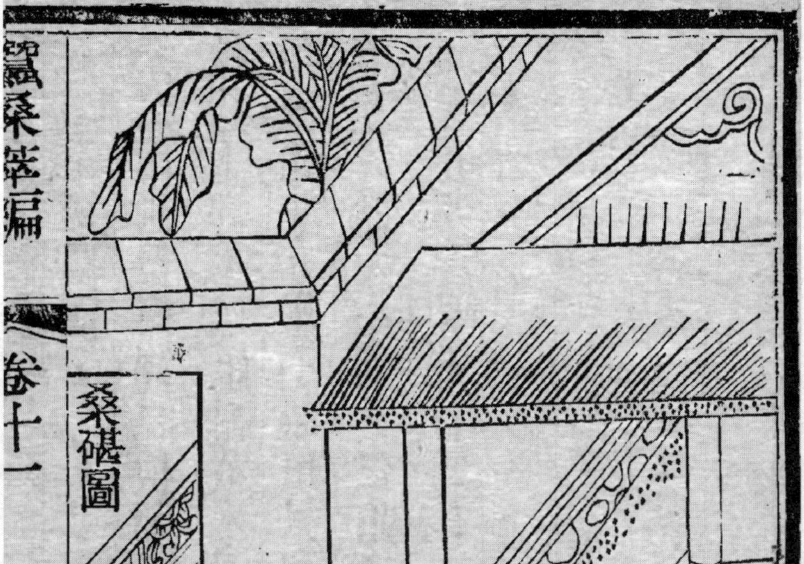
蠶桑萃編
卷十一
五
桑碪圖

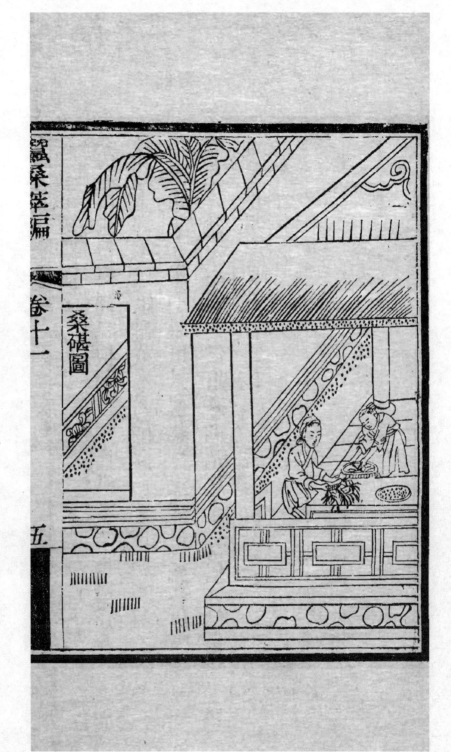

桑碪圖說

桑碪爾雅曰碪謂之椹郭璞注曰椹木櫍也碪從石椹從木即木碪也碪截木爲碉圓形豎理切物乃不拒刃此北方蠶小時用刀切葉碪上或用几或用夾南方蠶無大小切桑俱用碪也元扈先生曰木碪傷葉吳中用麥秸造者爲佳

桑夾圖

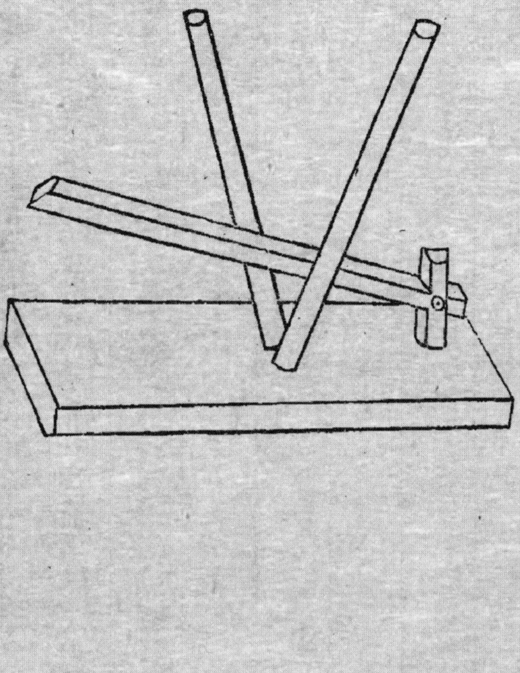

桑夾圖說

此桑夾之大者南方切桑惟用刀碪今用桑夾以廣其用按自三眠以後食切葉二頓即食帶枝全葉矣

火倉圖
蠶桑萃編
卷十一
七

火倉圖說

凡蠶生室內四壁挫壘室龕狀如三星務要玲瓏頓藏熱火以通煖氣四向勻停

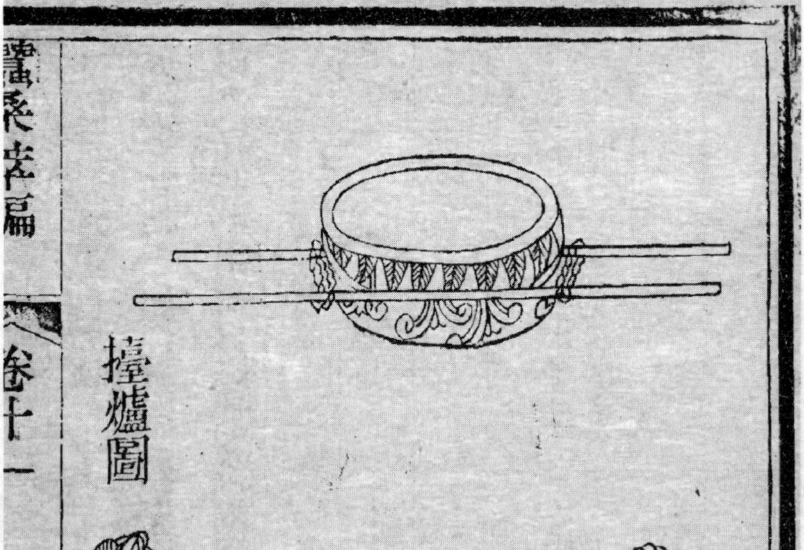
蠶桑萃編
卷十一
八
擡爐圖

擡爐圖說

擡爐之制一如矮床內嵌燒爐兩旁出柄二人擡以出入加減用得其法絲纊倍收

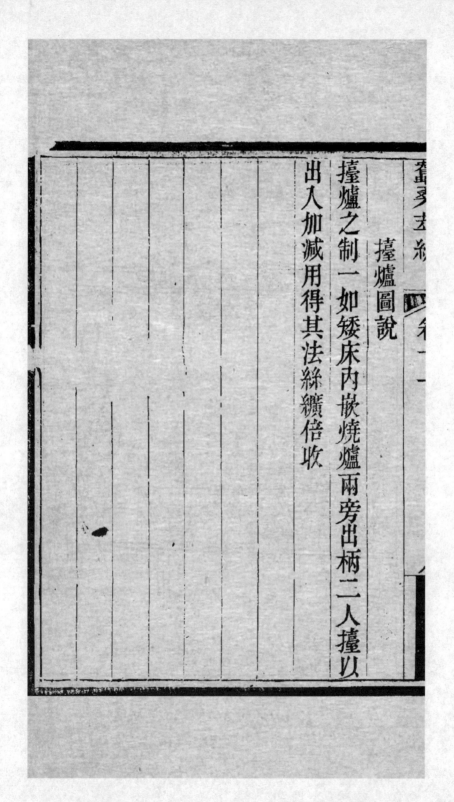

蔟薦圖

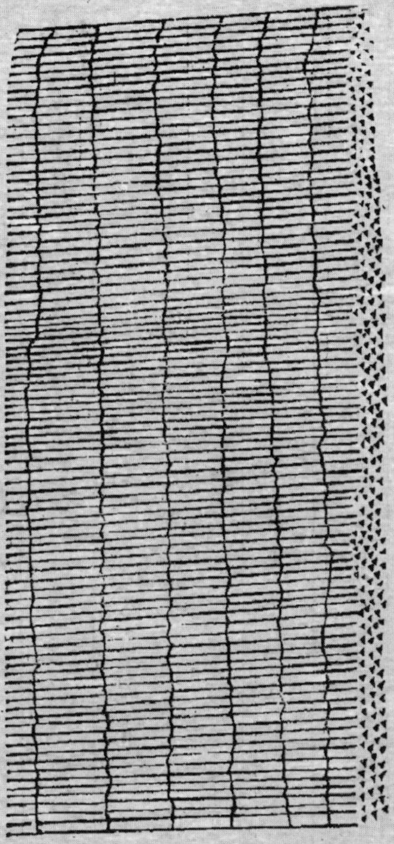

藁薦圖說

藁薦者蠶初生之時天氣尚寒用薦掛門窗遮蔽風寒蒲草稻草爲上麥稻子穀草次之織法每稻草十餘根爲一束如編葦箔法

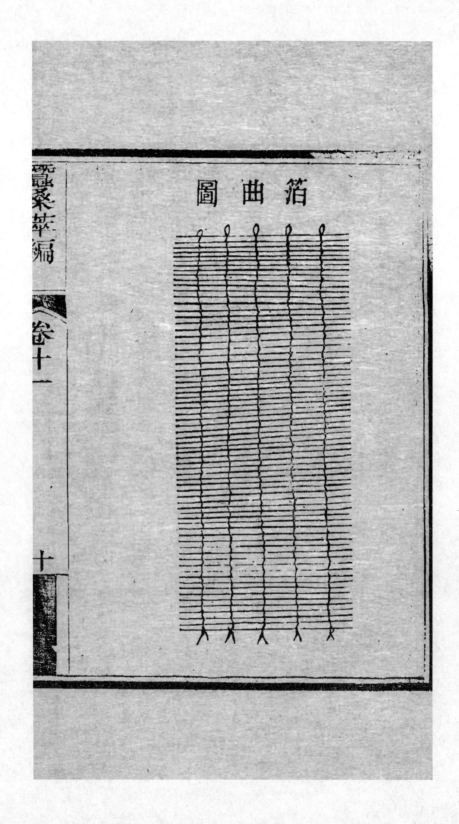

箔曲圖

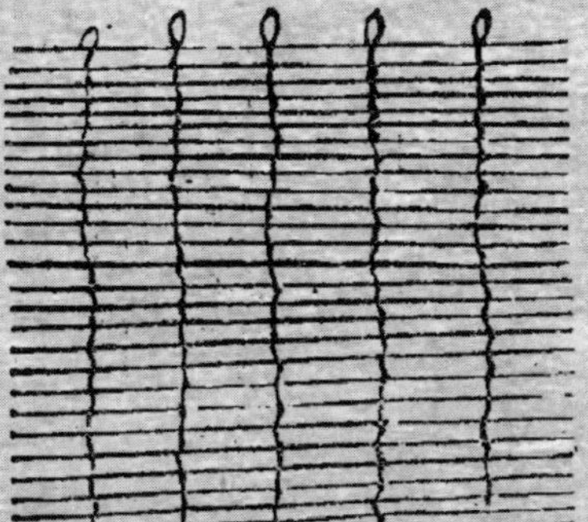

箔曲圖說

曲箔承蠶具也禮具曲植曲即箔也顏師古注云葦箔爲曲北方養蠶者多於宅院後或園圃間多種萑葦以爲箔材秋後芟取或山中松花細竹子皆可自織其制闊五尺長一丈以二椽棧之懸於槌上至蠶分擡去蓐時取其易卷舒以廣蠶事

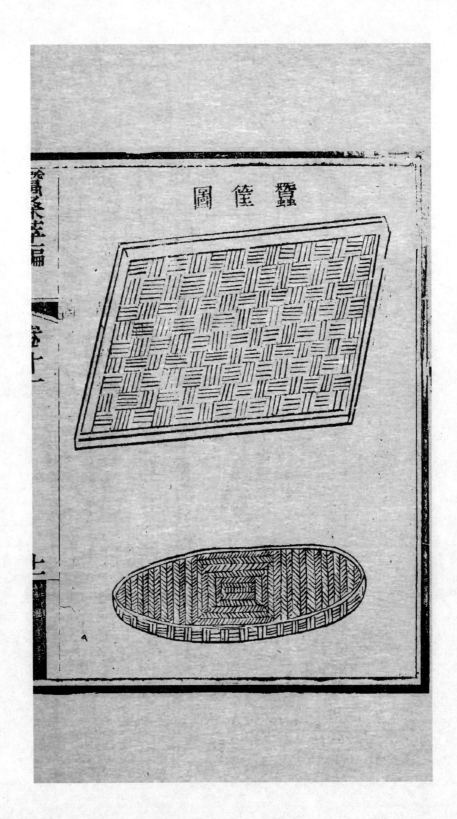

蠶筐圖

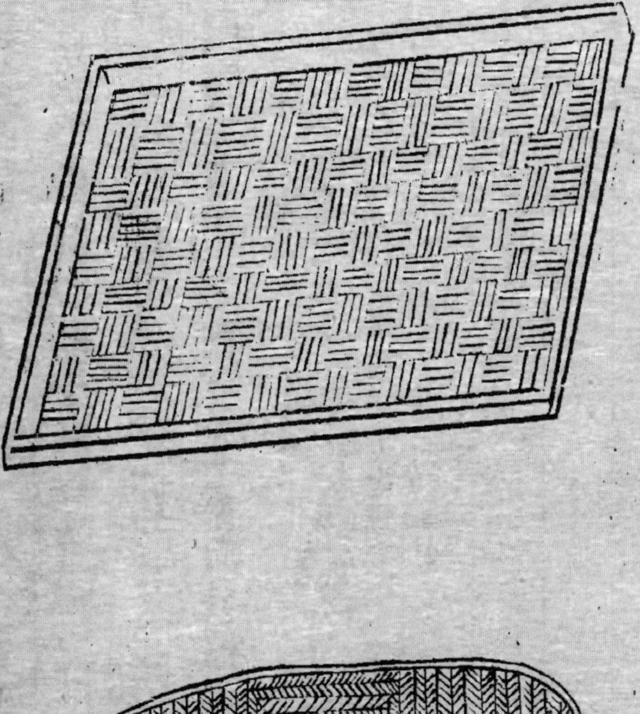

蠶筐圖說

筐者古盛幣帛竹器也今用育蠶闊三尺長五尺以竹編之或用鷄柳木作方筐闊三尺長五尺亦輕便蟻蠶及劈分時用之擱於架上易於擡飼

卷十一

蚕蝶盘图

兰

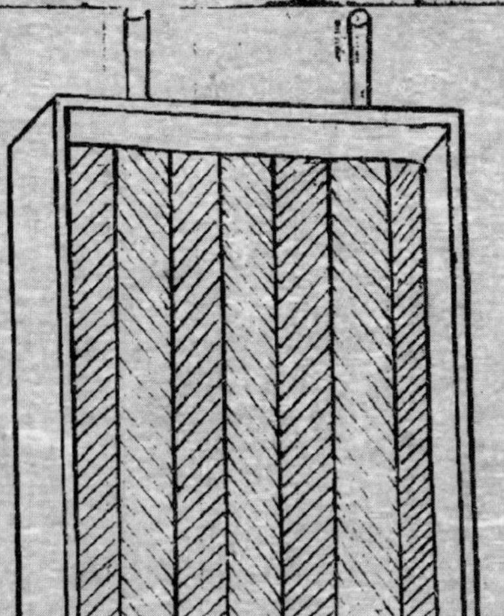

蠶盤圖說

蠶盤盛蠶器也移蠶上簇皆可用之或以竹編或用木框以疎簟爲底長七尺廣五尺出入擡便用

蠶槌圖

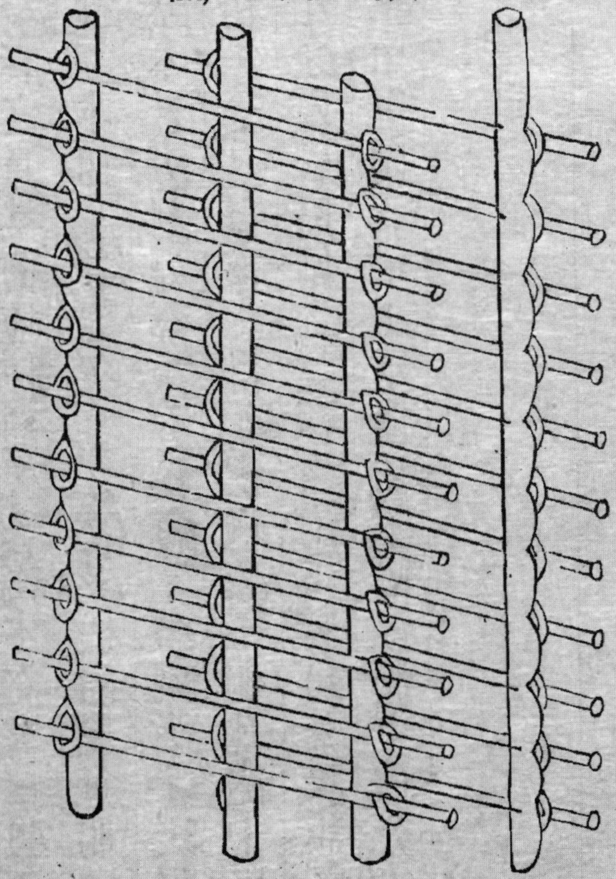

蠶槌圖說

禮季春之月具曲植植即槌也務本新書曰穀雨日豎槌立木四莖各過梁柱之高其槌隨屋每間豎之其立木外旁刻如鋸齒而深每莖各刻齒十一層每層相去一尺每齒上掛桑皮繩環一個凡槌十懸中空九寸以居擡飼之蠶移之上下皆可農桑直說每槌上中下間三箔上承塵埃下隔溼潤中備分擡

蠶架圖

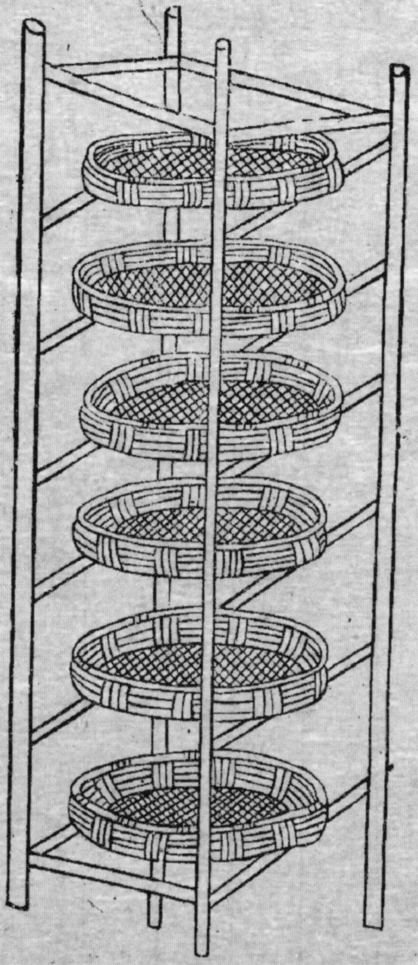

蠶架圖說

蠶架擱蠶盤筐具也以細枋四莖豎之高可八九尺上下以竹或以木棍作桄十層每層皆擱養蠶盤筐隨其大小

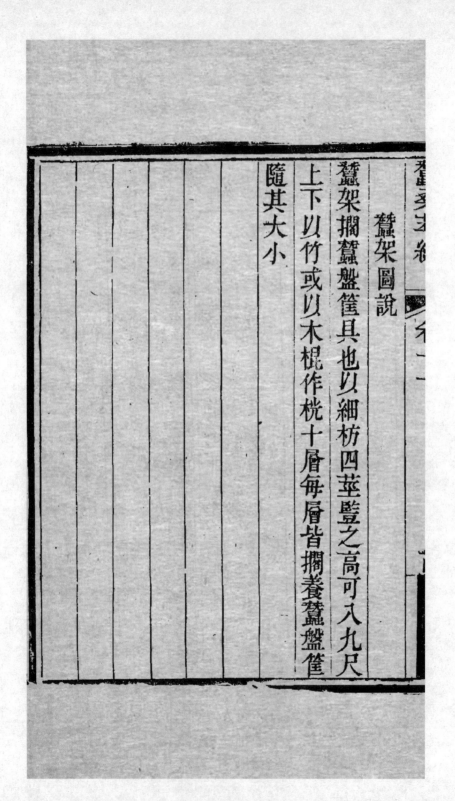

蠶架圖

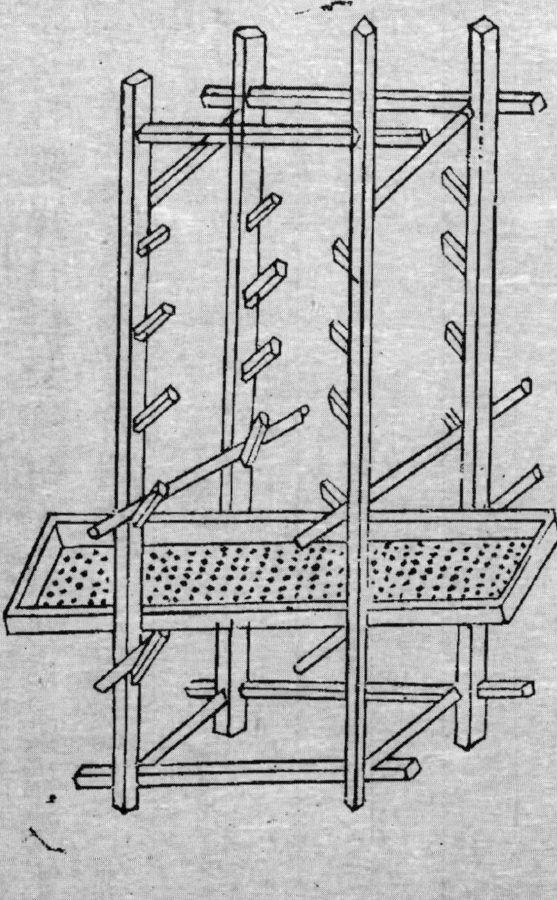

蠶架圖說

此蠶架每柱裏邊各錠長鐵釘十層每層横擔細木棍二根竹竿更好以擱蠶盤飼時二人擡之上下挪移最便

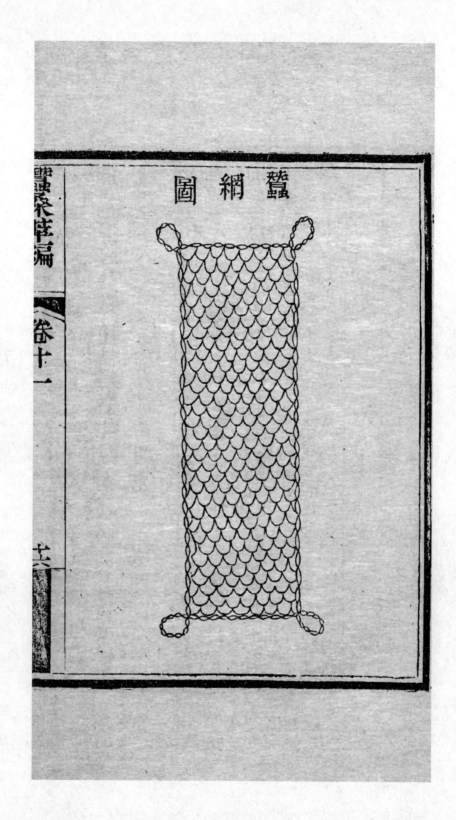

蠶網圖

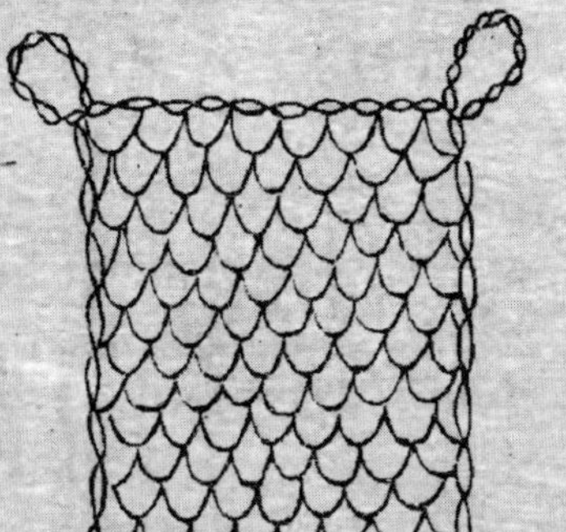

蠶網圖說

蠶網擡蠶具也結繩爲之如魚網之制其長短廣狭視蠶槃大小制之添以漆油則光緊難壞貫以網索則維持多便至蠶可替時先布網於上然後灑桑蠶聞葉香則穿網眼上食候蠶上葉齊手共提網移置別槃遺除拾去比之手替省力過倍南蠶多用此法北方蠶小時亦宜用之

桑篩圖

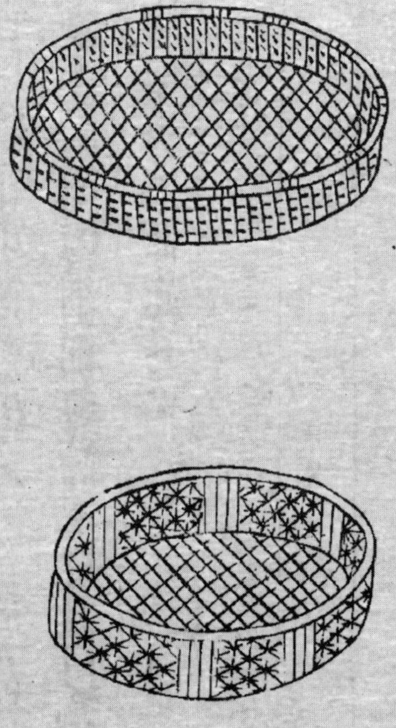

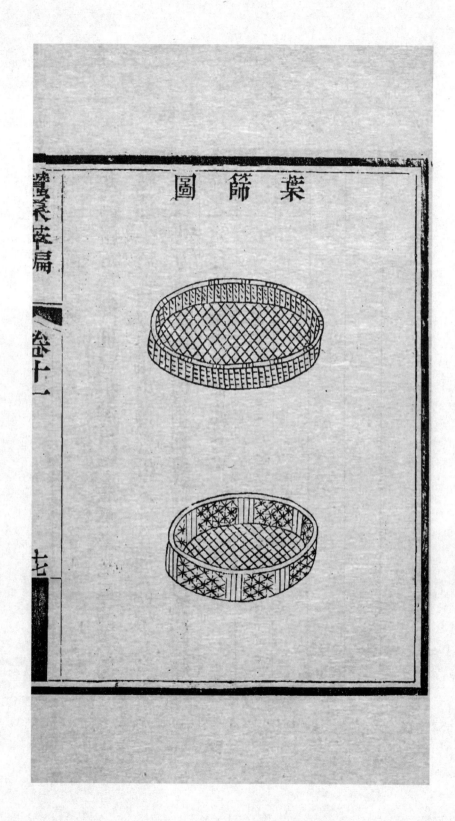

葉篩圖說

此飼蠶布葉篩也蠶小時用手撒葉未免厚薄不均壓傷小蟻宜用竹編小篩徑五六寸孔如胡椒大將葉以利刀切碎置篩內細細勻篩不可過厚須頻頻篩之蠶食均勻自然眠起皆齊

蠶桑萃編　卷十一　十六

團簇圖

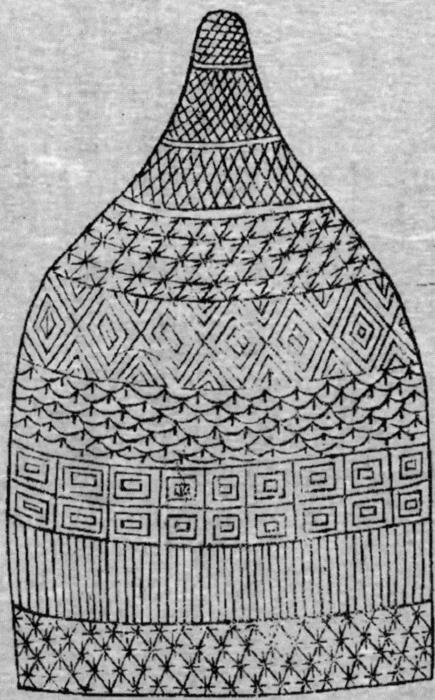

團簇圖說

蠶簇農桑直說云簇用蒿梢叢柴苫席等也凡作簇先立簇心用長椽五莖上撮一處繫定外以蘆箔繳合是爲簇心仍周圍匀豎蒿梢布蠶簇訖復用箔圍及苫繳簇頂如圓亭者此團簇也

馬頭簇圖

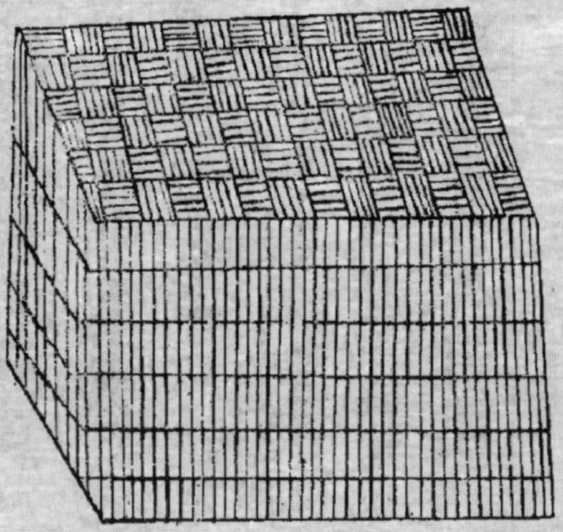

馬頭簇圖說

馬頭長簇兩頭植柱中架橫梁兩旁以細椽相搭為簇心餘如常法此橫簇皆北方蠶簇法也嘗見南方蠶簇止就屋內蠶槃上布短草簇之人既省力蠶亦無損又按南方蠶書云簇箔以杉木解枋長六尺闊三尺以箭竹作馬眼槅插茅疎密得中復以無葉竹篠從橫搭之簇背鋪以蘆箔而竹篾透背面縛之即蠶可駐足無跌墜之患此皆南簇

蠶室圖

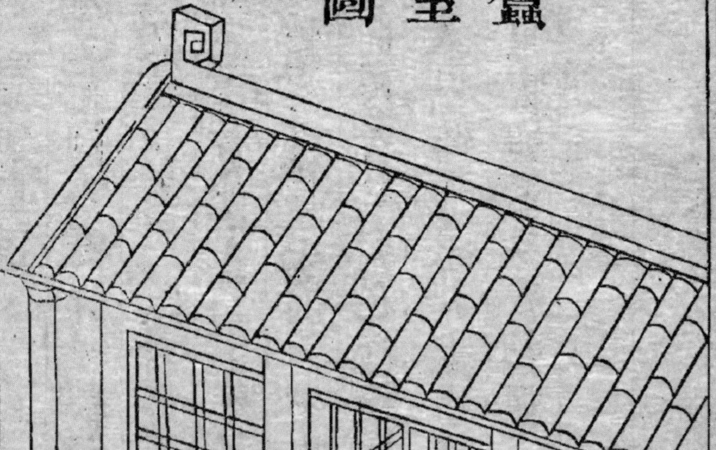

蠶室圖說

蠶室記曰古者天子諸侯皆有公桑蠶室近川而爲之築宮仞有三尺棘牆而外閉之三宮之夫人及世婦之吉者使入蠶室奉種浴於川桑於公桑此公桑之蠶室也其民間蠶室坐北向南者爲上向東者次之向西者又次之締構之制或瓦房草房俱以泥塗材木以防火患其大小廣狹任人之力務要間架寬廠可容槌箔易於轉動

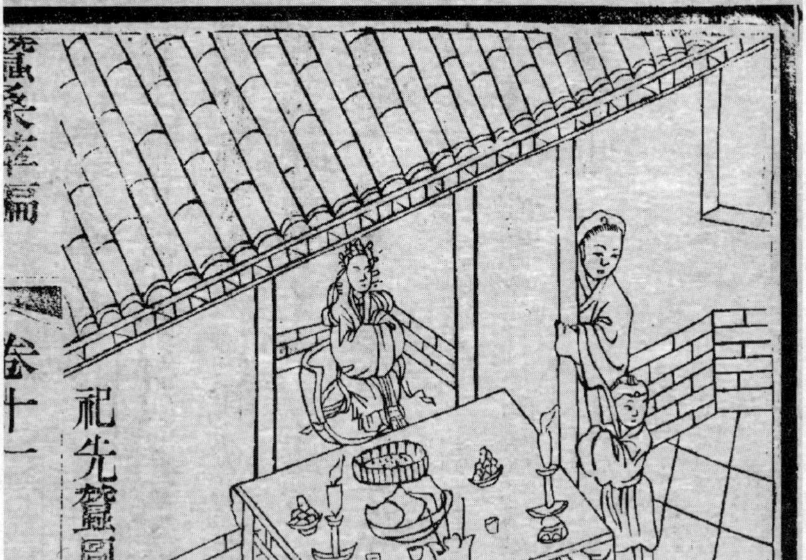
蠶桑萃編
卷十一
祀先蠶圖

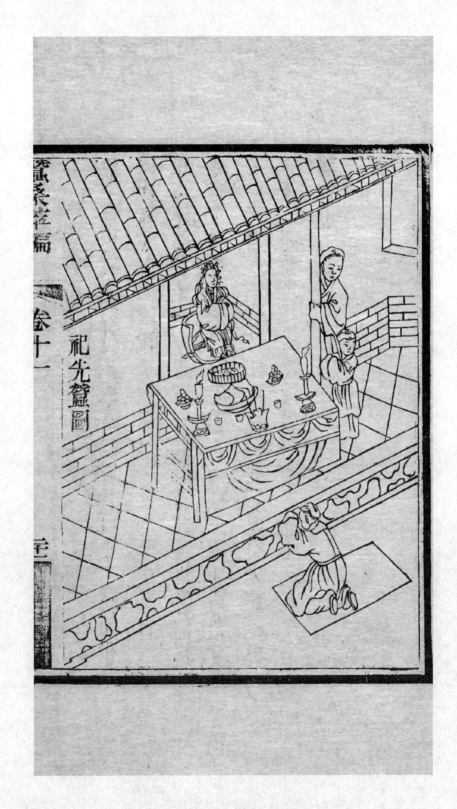

祭先蠶圖說

蠶室備內設先蠶位不忘本也歷代所祭不同即如漢祀宛窳婦人寓氏公主蜀有蠶女馬頭娘又有三娘爲蠶神者又南方祀蠶花五聖者此後世之淫典也稽古制黃帝元妃西陵氏始爲室養蠶是爲先蠶又祭先蠶壇壝壁於郊中祀禮此后妃祭先蠶禮也蠶書云臥種之日割雞設醴以禱先蠶此庶人祭先蠶禮也

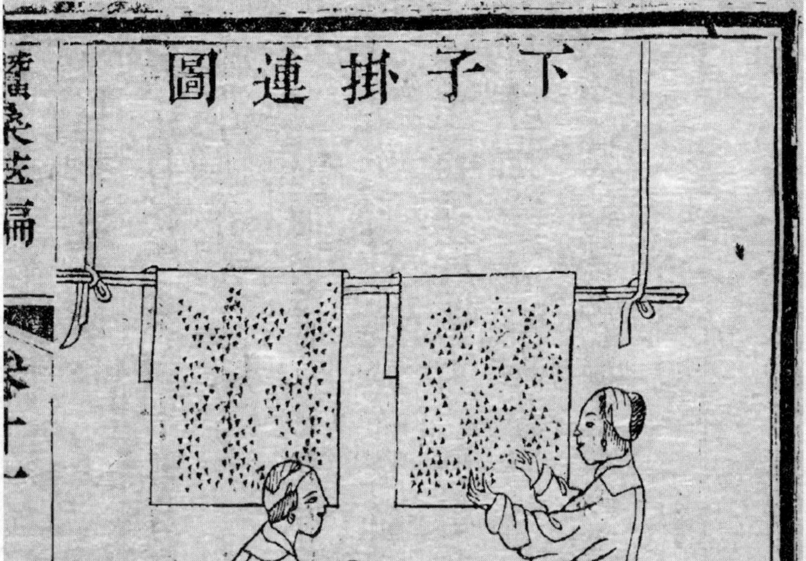
下子掛連圖

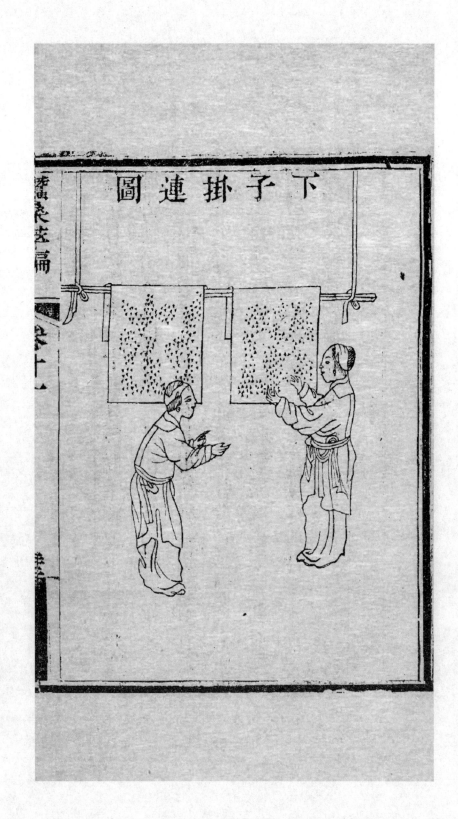

掛連圖說

蠶子自初生至一十八日後取下蠶連用井華水浸洗去便溺氣復掛起十二月初八日仍用井華水浸一二時取出懸乾再立春日用新甕一箇將蠶連豎立其中須使虛鬆玲瓏每十數日於己午時間取出甕中蠶連展開一二時復收豎立甕中至清明日取出用韮葉椒葉桃花並菜子花揉碎於井華水內浸浴之懸乾移於溫室中懸掛

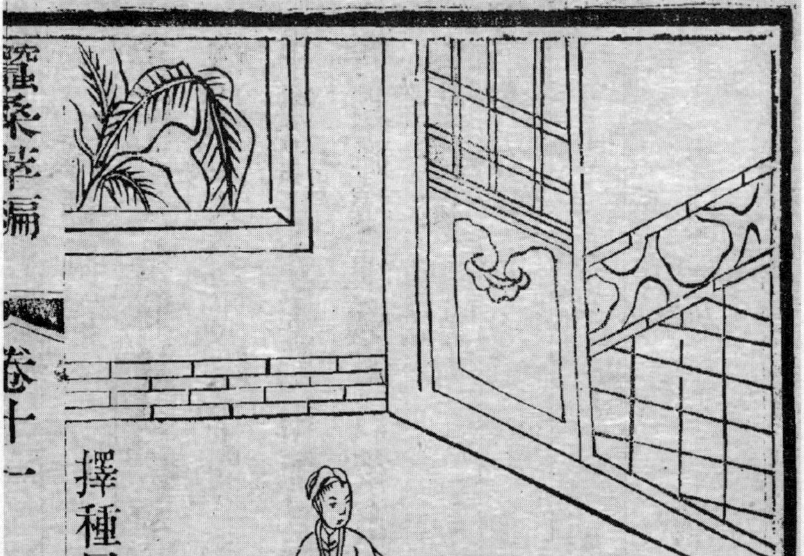
蠶桑萃編
卷十一
擇種圖

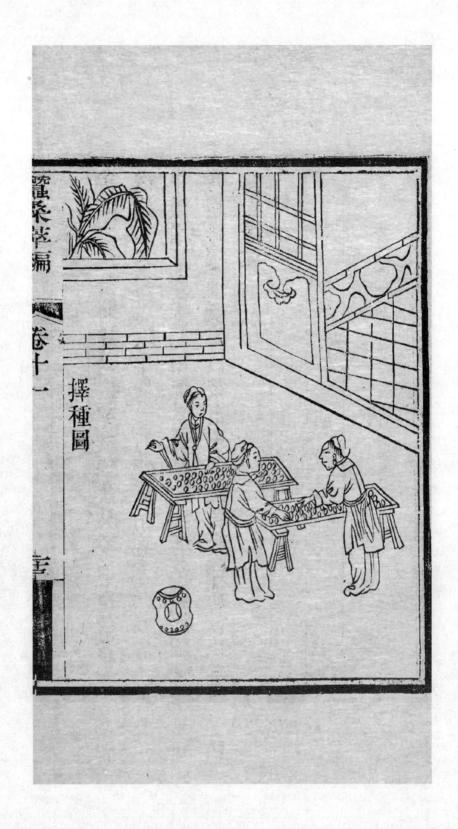

擇種圖說

擇種之法須將蠶繭之空輭輕薄及參前落後者一概檢去不用祗取中間一時作成精實光亮輕置手中微搖耳旁雄雌相配其繭長而尖者爲雄闊而肥者爲雌擇種既佳以後出子便無黃輭諸病故未養蠶先擇種

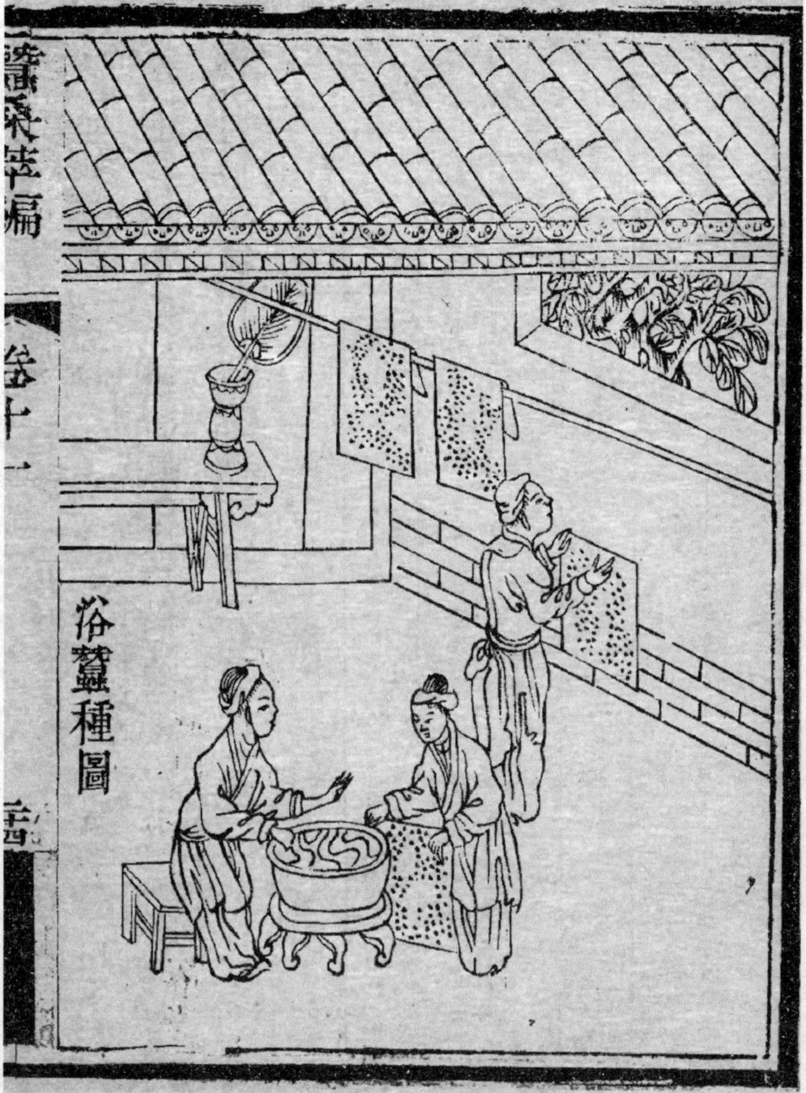
浴蠶種圖

浴蠶種圖說

浴種有鹹淡二法浴鹹種者借滷氣以去病毒浴淡種者借水氣以益生機浴至三次卽隹

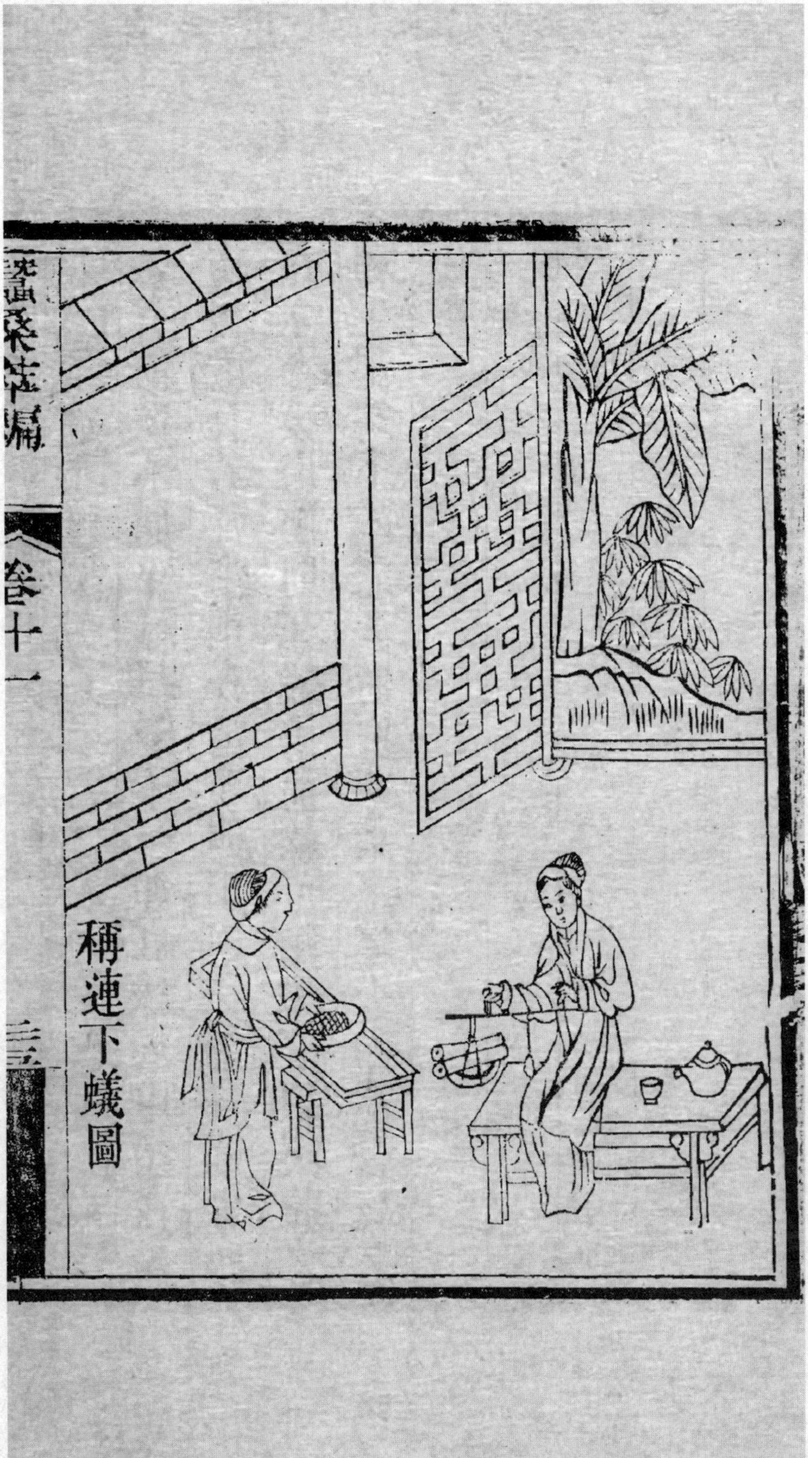
蠶桑萃編
卷十一
三
稱連下蟻圖

稱蓮下蟻圖說

各省節候不同下蟻早遲不一如直隸局中須在穀雨後數日若江浙則在清明四川則在驚蟄閩粤則在立春後山陝則在穀雨前餘可類推要以桑苞之初生即爲下蟻之準時以桑葉之多少即爲養蠶之定數

蠶桑萃編
卷十一
分蟻圖

分蟻圖說

蟻既下連用快刀切桑葉極細以葉篩篩於蟻上務要薄而勻第一日不住頻飼一時當飼一頓一晝夜通飼一十二頓蠶室宜極煖極暗第二日減飼至八頓第三日又減飼至六頓於巳午時間復用蓐草綿紙另鋪一箔先將細切桑葉篩於蟻上較前稍厚些待黑蟻上葉時用蠶匙薄帶沙燠輕輕將蟻欵手挑起分如小圍棊子大布於新安箔上盈滿一箔

頭眠圖

頭眠圖說

劈分蟻子盈筩之後第六日蠶將眠身肥皮緊漸變黃色至第七日蠶皆變黃結嘴不食曰頭眠第八日頭眠蠶脫殼盡起

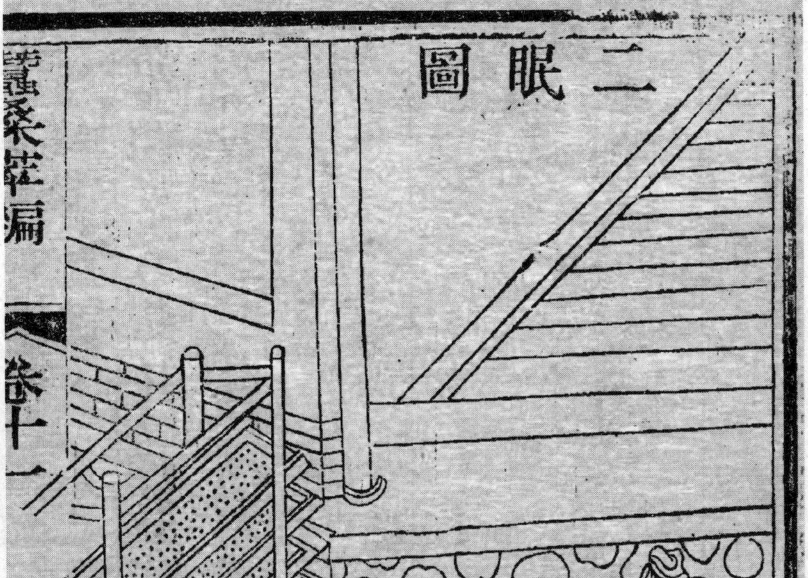
二眠圖
蠶桑萃編
卷十一

二眠圖說

頭眠初起第九日擡蠶分箔十三日蠶復將眠十四日變黃色曰二眠十五日蠶又脫殼盡起

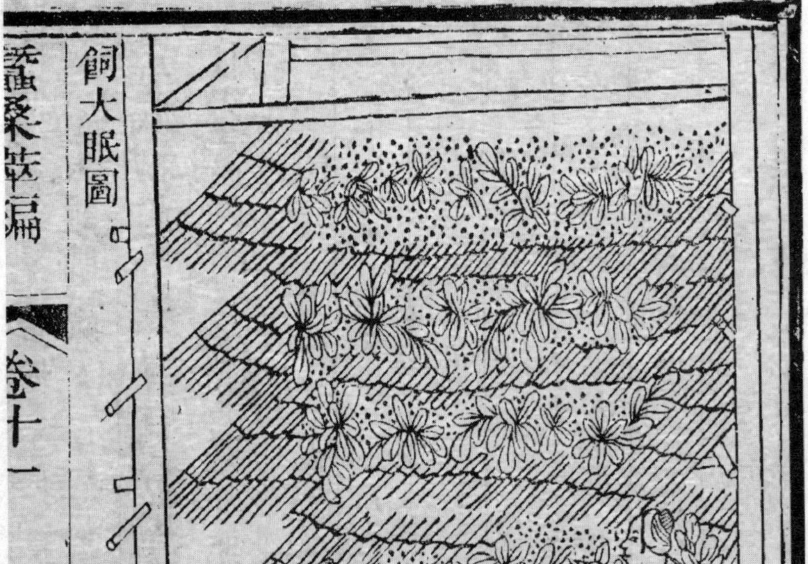
飼大眠圖
蠶桑萃編
卷十一

大眠圖說

二眠初起十六日宜分擡二十日蠶又將眠二十一日變黃色曰三眠二十二日又脫殼盡起

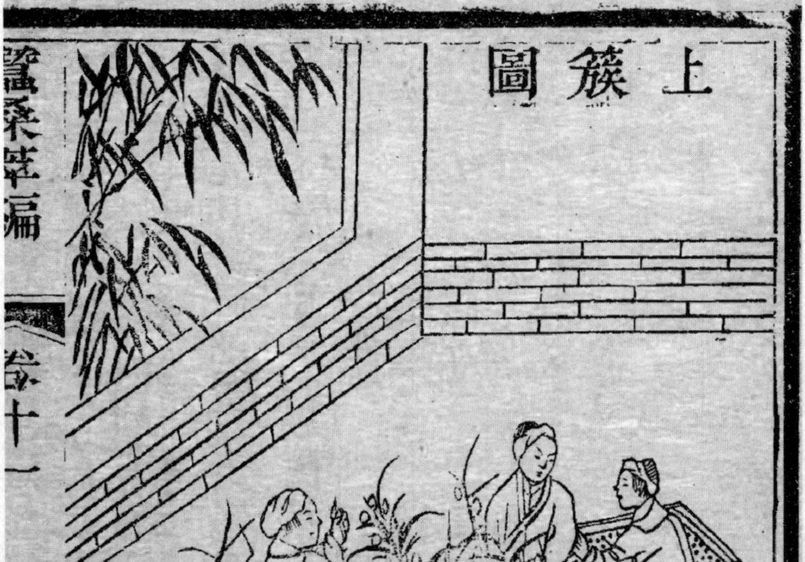
上簇圖
蠶桑萃編
卷十一

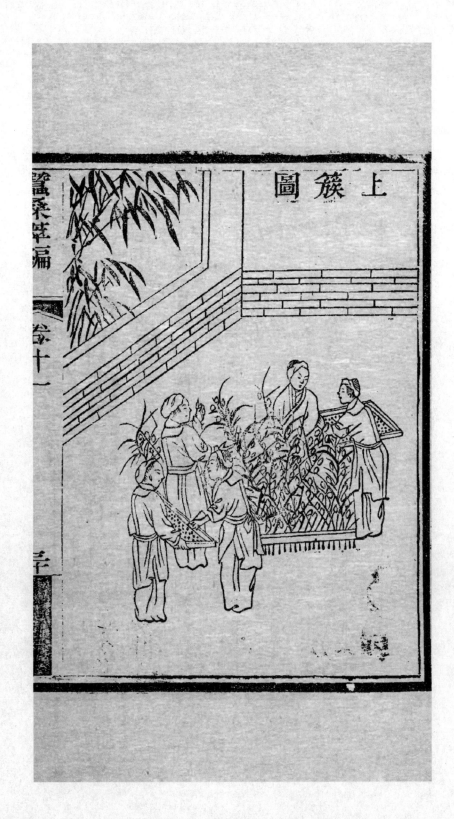

上簇圖說

大眠既起一日一分擡時時飼葉飼至身肥觜小絲喉漸亮其蠶將老遊走不食遍體透明其蠶將作繭撥之上簇不拘方簇圓簇長簇均可

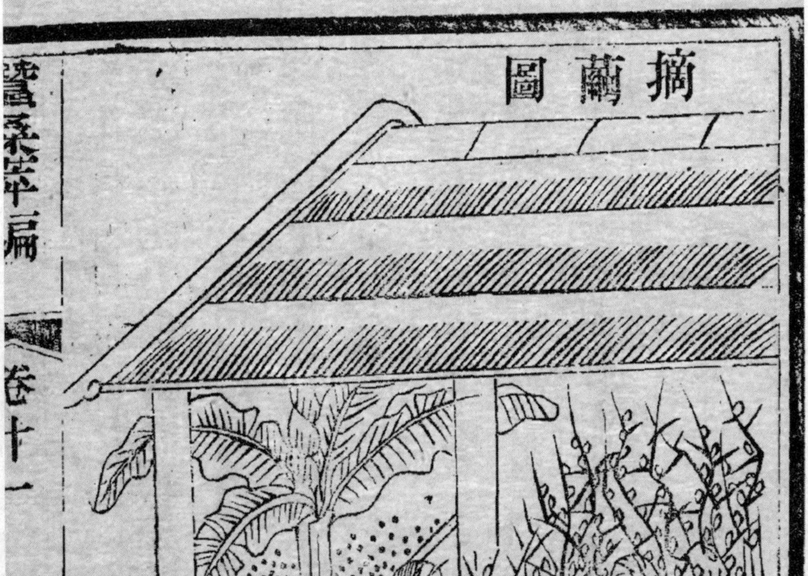
摘繭圖
蠶桑萃編
卷十一

摘繭圖說

上簇六七日之間方可摘繭擇將堅實良繭另放一器將薄繭兩頭薄的黃者次的繭二三蠶相合的繭血蠶繭擇出另放一器製作綿用凡繭長而瑩白者細絲之繭大而晦色青黃者麄絲之繭摘下攤於通風涼房內箔上厚一二三寸不可過厚厚則發熱絲腐難繅南方五六日之間方可繅絲遲至七日後則蛾生北方三四日即要蒸五日生蛾

蒸繭圖
蠶桑萃編
卷十一

蒸繭圖說

繭以生繰爲上若繰之不及有鹽醃甕泥日曬火烘之法不如蒸餾最好先將繭外蒙衣扯淨用蒸籠三扇將繭鋪籠內厚四指許以籠兩扇安鍋上蒸至熱氣透出頻於繭上以手背試之如手不禁熱即扯去底扇續添一扇在上不要蒸得過了過則軟絲頭不可不及不及則蛾仍生如繭少不必用籠用大竹篩一箇鋪繭於內亦厚四指許繭上置鮮椿葉一箇以布單覆篩安鍋上蒸至椿葉變色爲度

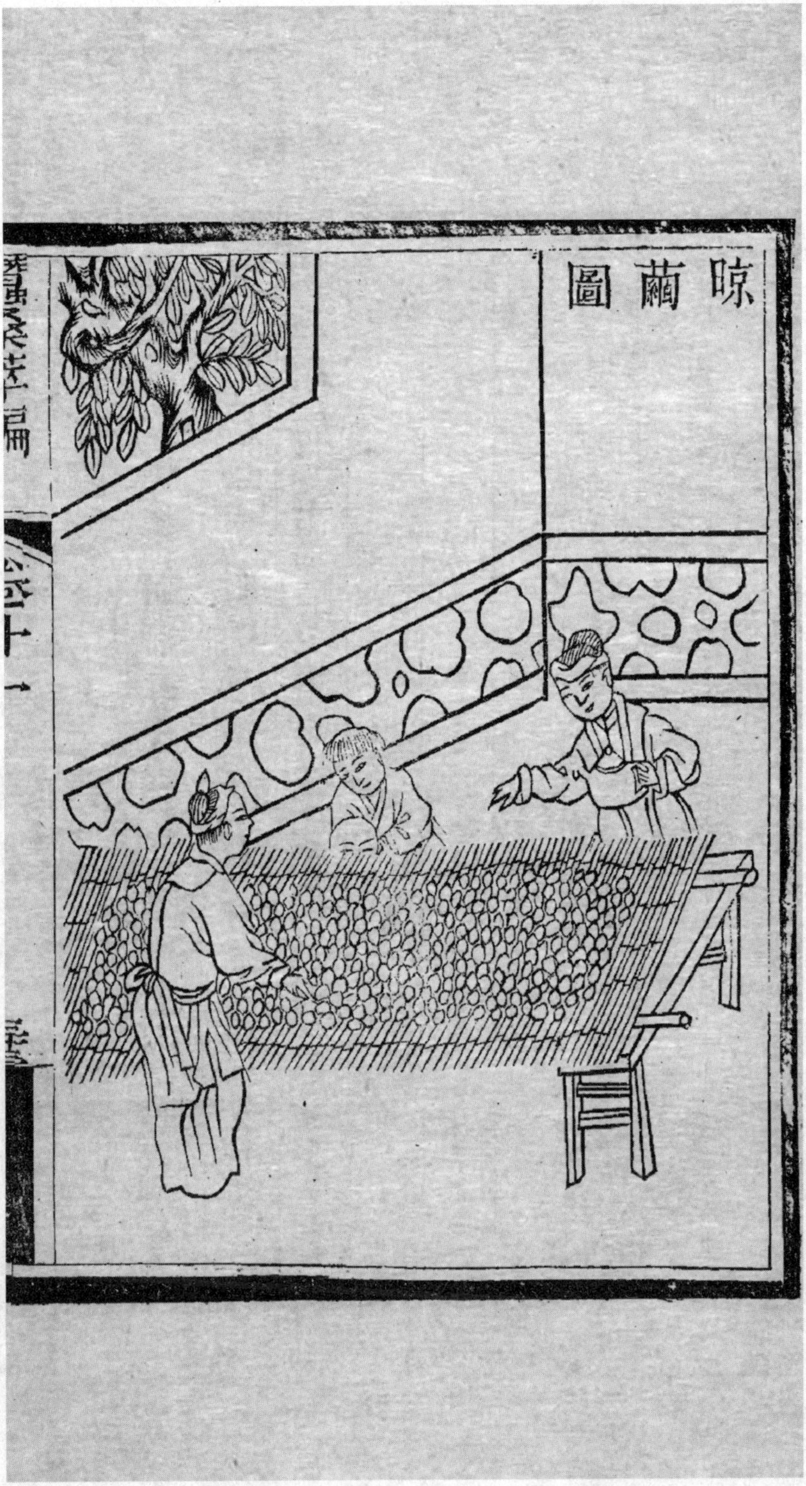
晾繭圖

晾繭圖說

蒸繭之後將繭盡攤通風涼屋內箔上用物撥動厚三四寸俟冷定用柳條稍微覆之陰乾雖徐徐繰至數月無妨泰西則多用火烘

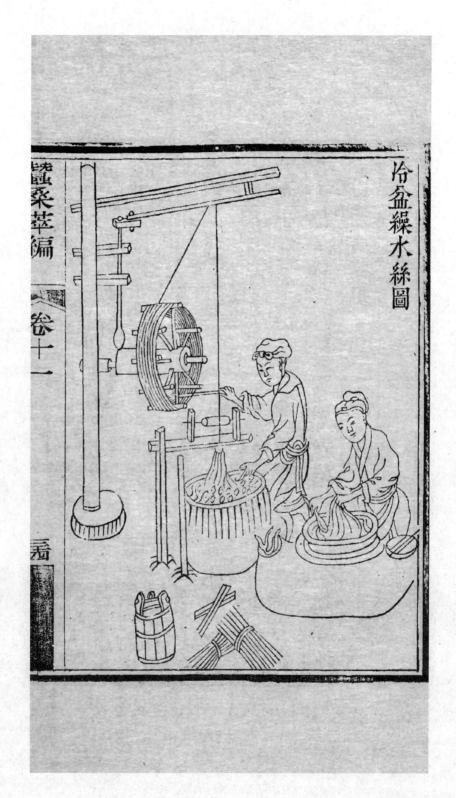

冷盆繅水絲圖

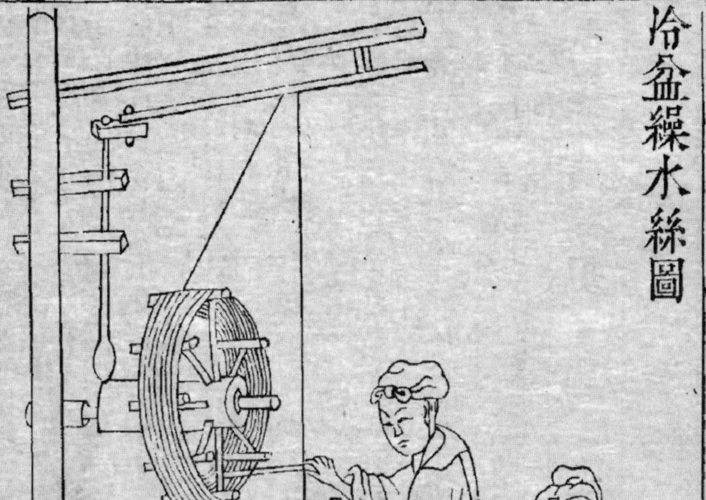

繅水絲圖說

水絲乃冷盆所繅之絲精明光彩堅韌有色絲中上品雖曰冷盆亦是熱盆其法用大鍋一口徑一尺餘者周圍用土墼泥成風竈火門在上柴往下燒火焰遶鍋底而後出鍋後相去六七寸再安一小鍋後作長煙洞使烟氣出免致薰偏繅絲之人鍋高與繅人坐而心齊左邊安大水盆一口較之鍋高二三寸盆上橫安絲車一箇靠盆邊又立插一木棍名爲絲老翁以挂清絲頭

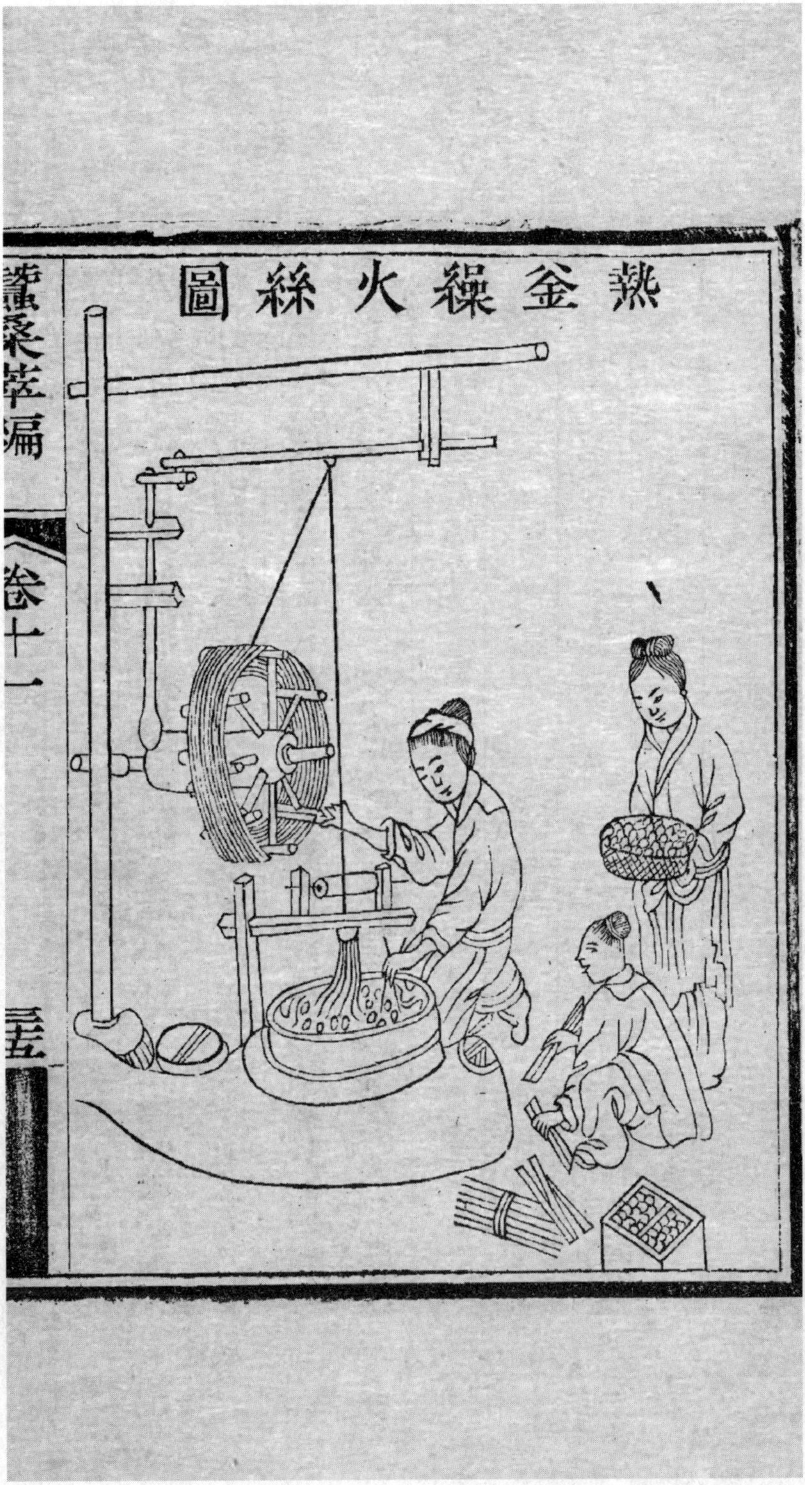
熱釜繅火絲圖
蠶桑萃編
卷十一

繅火絲圖說

安鍋如上法繅時將水燒令大熱不可滾滾則煮損絲性須將繭投入鍋內以筯撥攪提起絲頭用手撚住穿過錢眼凡繅火絲不用在竹筒中穿過只將絲車下桄前面平嵌一錢令穩將絲頭從錢眼穿過即得

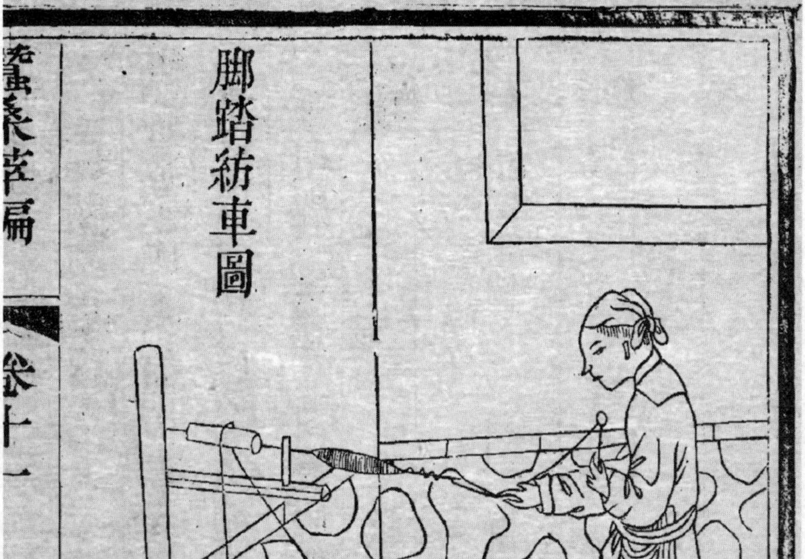
蠶桑萃編
卷十一
腳踏紡車圖

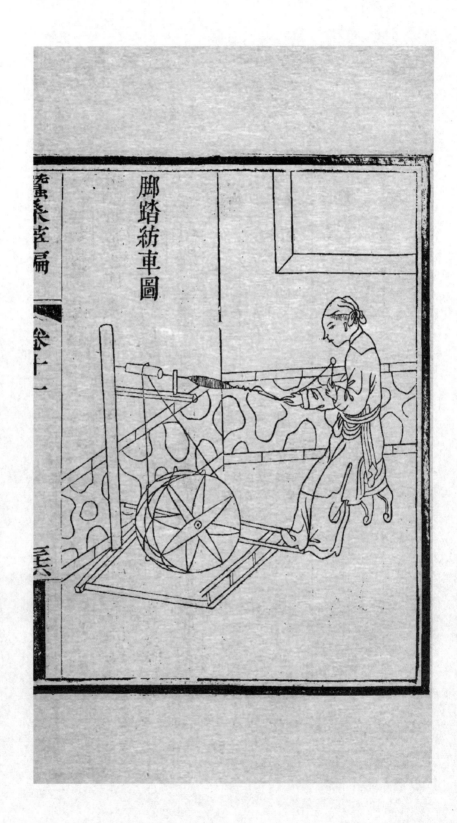

脚踏紡車圖說

絲綿紡車與木棉紡車異木棉芒短易扯一手攪輪一手扯棉便紡成線絲綿芒長力勁難扯一手執繭一手扯絲必須用脚踏轉車方能成線此脚踏紡車式也

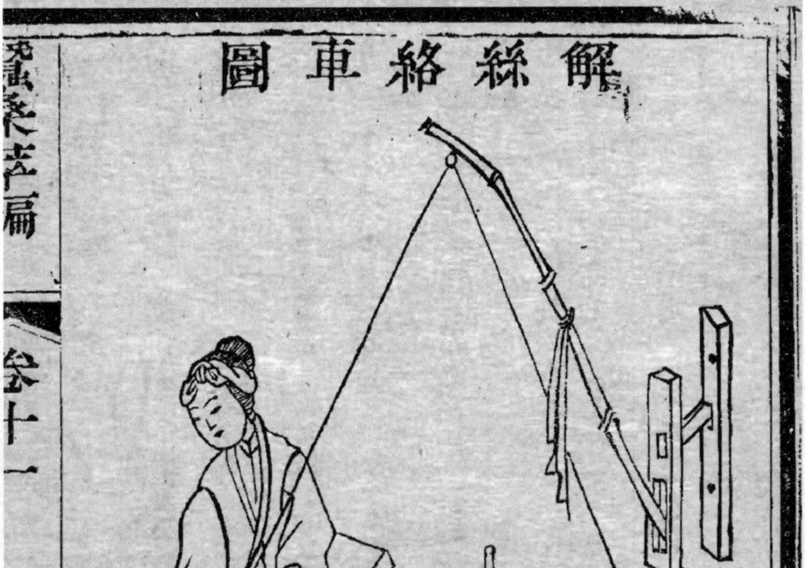
解絲絡車圖
蠶桑萃編
卷十一
三七

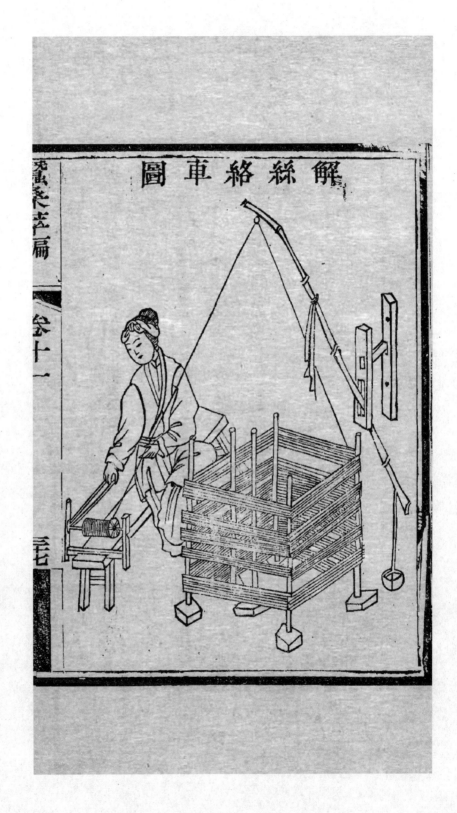

絡車圖說

絡車方言曰河濟之間絡謂之給說文云車柎為柅易姤曰繫於金柅通俗文曰張絲曰柅蓋以脫軖之絲張於柅上上作懸鉤引致緒端逗於車上其車之制必以細軸穿籰措於車座兩柱之間人既繩牽軸動則籰隨軸轉絲乃上籰此絡車式也

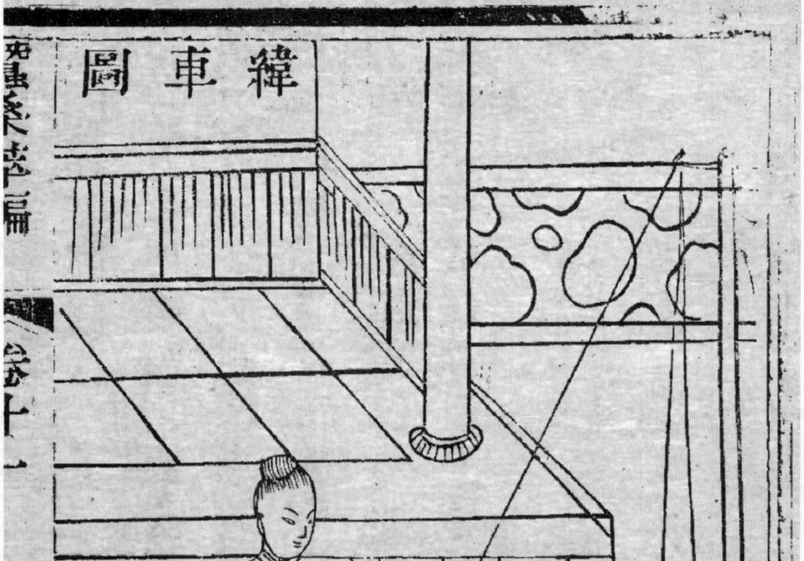
緯車圖
蠶桑萃編

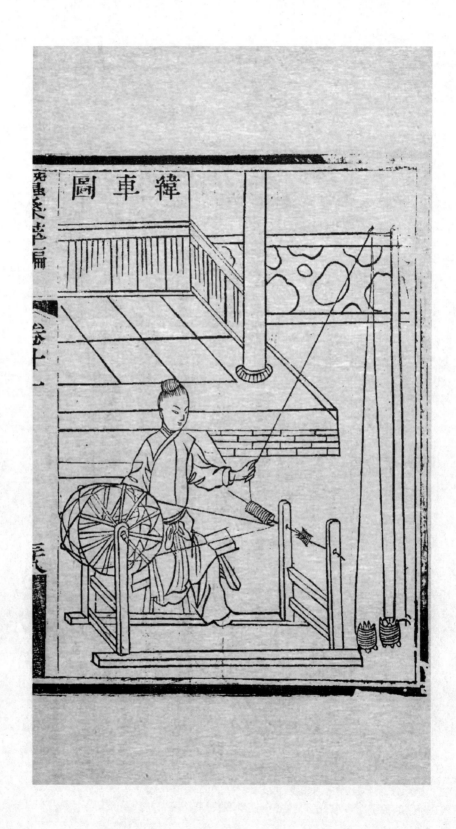

緯車圖說

緯車方言曰趙魏之間謂之厤鹿車東齊海岱之間謂之道軌今又謂繀車通俗文曰織纖謂之繀受緯曰莩其拊上立柱置輪輪之上近以鐵條中貫細筒乃周輪與筒繚環繩右手掉綸則筒隨輪轉左手引絲上筩遂成絲繀以充織緯

絲籰圖

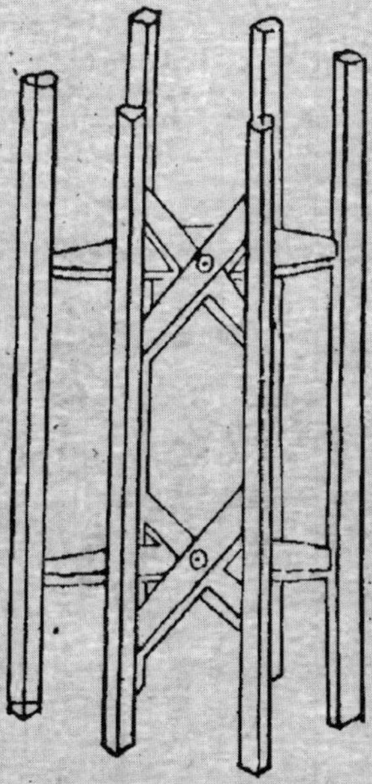

絲籰圖說

絲籰絡絲具也方言曰援兗豫河濟之間又謂之榖說文曰籰收絲者也或作䉂從角間聲今字從竹又從矍竹器從人持之矍矍然此籰之義也然必竅貫以軸乃適於用爲理絲之先具也

江浙水紡圖
蠶桑萃編

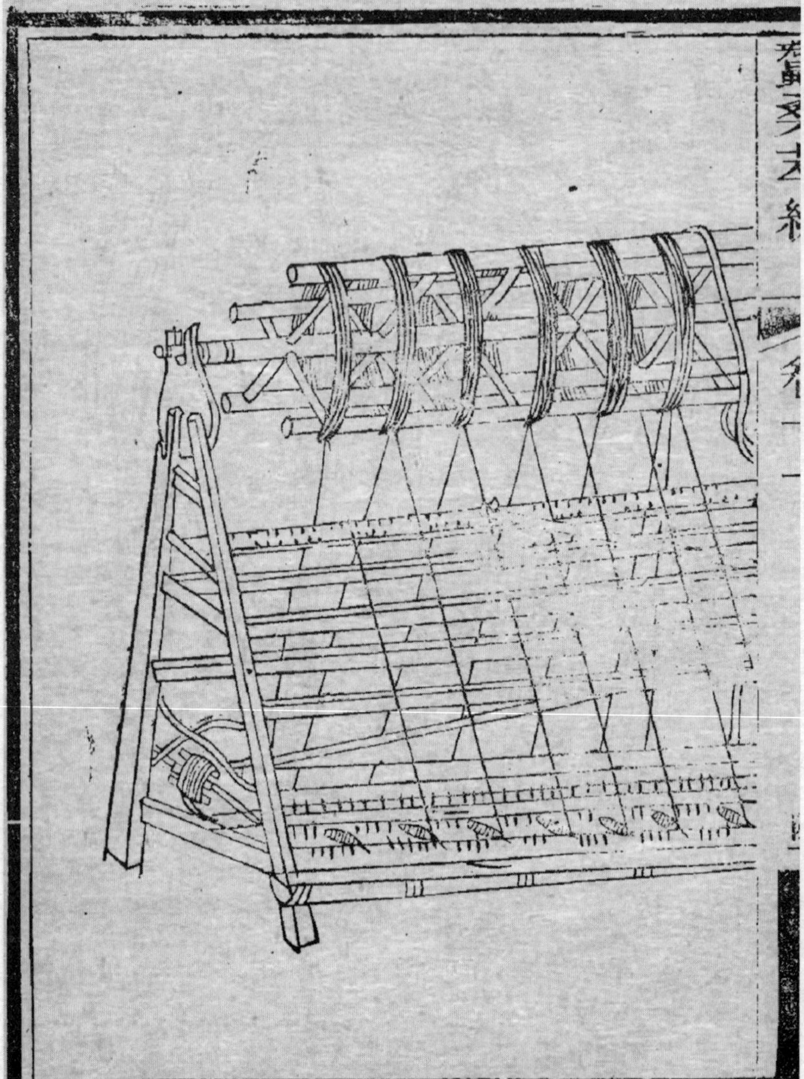

水紡圖說

紡絲之法惟江浙四川爲精東豫用打絲之法山陝雲貴亦習打絲法以一人牽一人用小轉車搖絲而走以五六絲七八絲合爲一縷不等費力多而得縷少若江浙紡法則以一人搖車前損車之下錨子五十箇兩邊各用竹殼盛水以一邊二十五絲各入水中由水中圖轉而上初紡以二三縷合一縷再紡以五六縷合一縷三紡以七八縷合一縷一人每車搖一周可得五十縷二周得一百縷較之各省轉絲之法以一人作一百人工此江浙水紡式也

四川旱紡圖

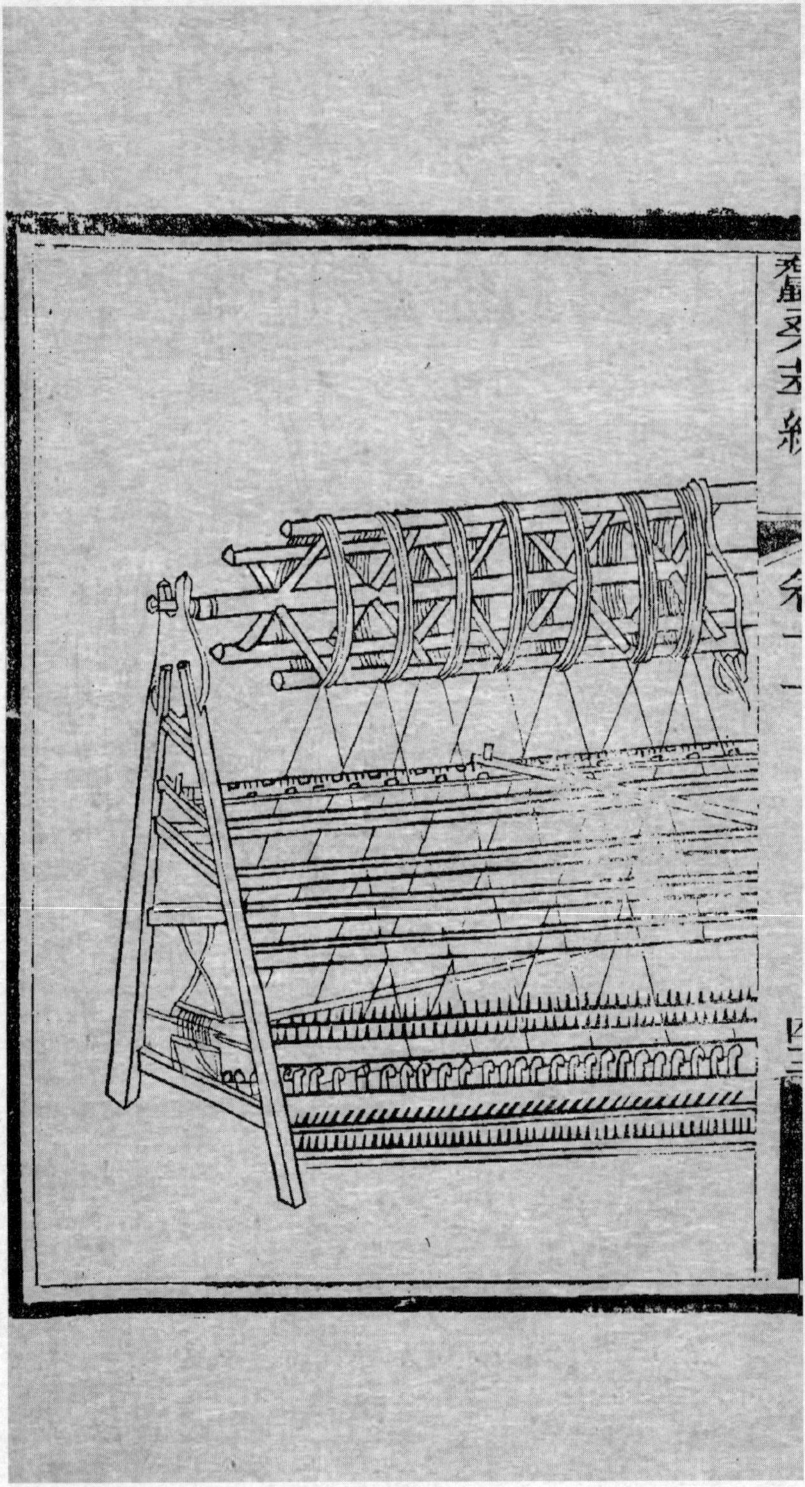

旱紡圖說

江浙水紡之法因其水多濁質須用沙矼澄清故其紡需水所以滌塵灰而發光亮若蜀中旱紡以軖子繫於其下用錦江清水浸透紡時簆子五六十箇每絲從軖上牽過與江浙紡法車式同惟江浙絲從竹殼水中走過四川則從濕軖上挪過絲上渣滓一一去淨每一人紡一周絲五十六縷兩周絲一百十二縷較之東豫山陝滇黔各省二人搖絲之法殆以一人而得一百一十二工之效此比江浙水紡亦多得十二縷此四川旱紡法也今直隸保陽學徒兼習之

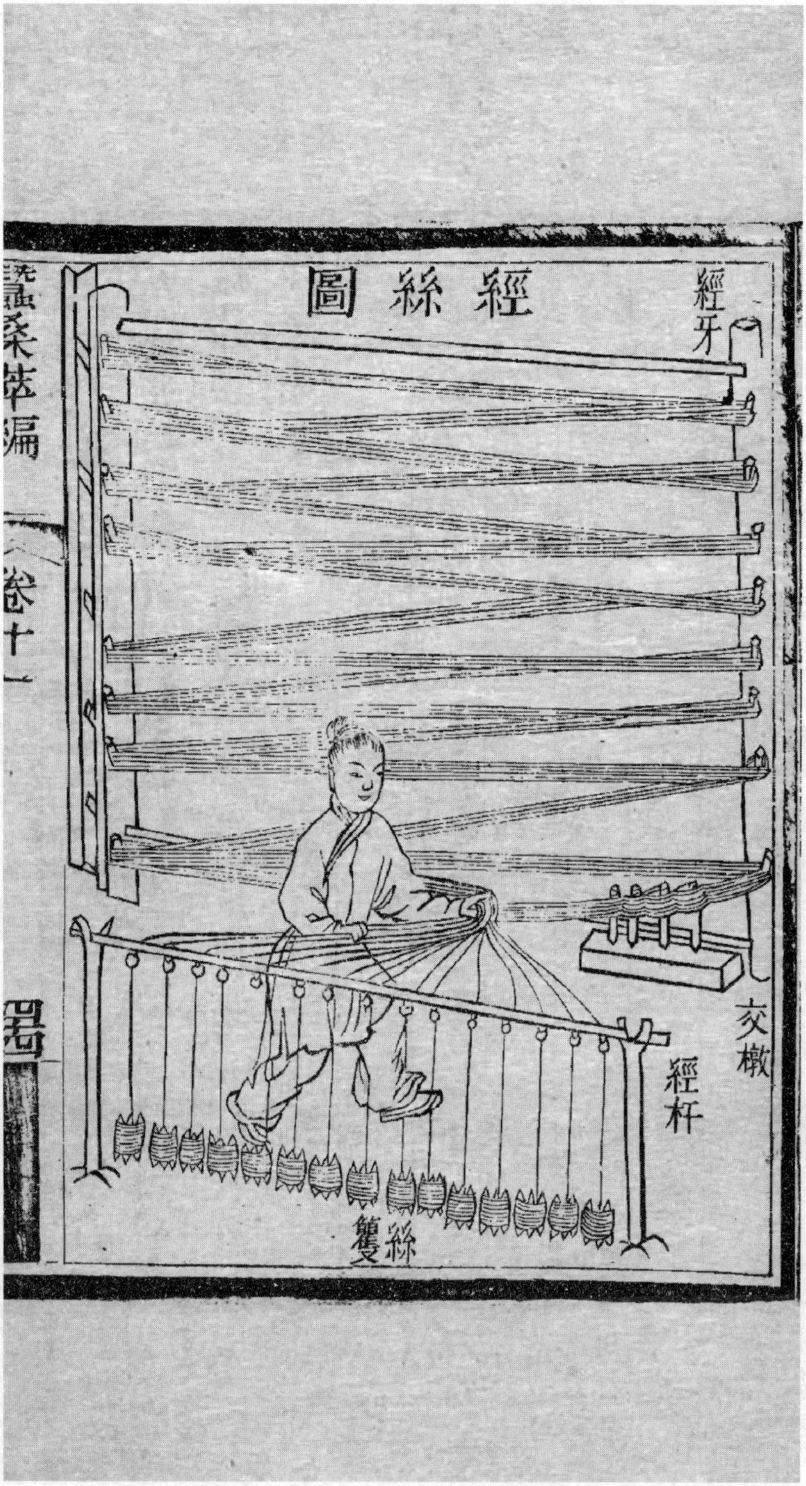
經絲圖
經牙
交檄
經杆
絲籆
蠶桑萃編 卷十一 圖

經絲圖說

經架牽絲具也先排絲籰於下上架橫竹列環以引衆緒總於架前經杆一人往來挽而歸之紖軸然後授之機杼

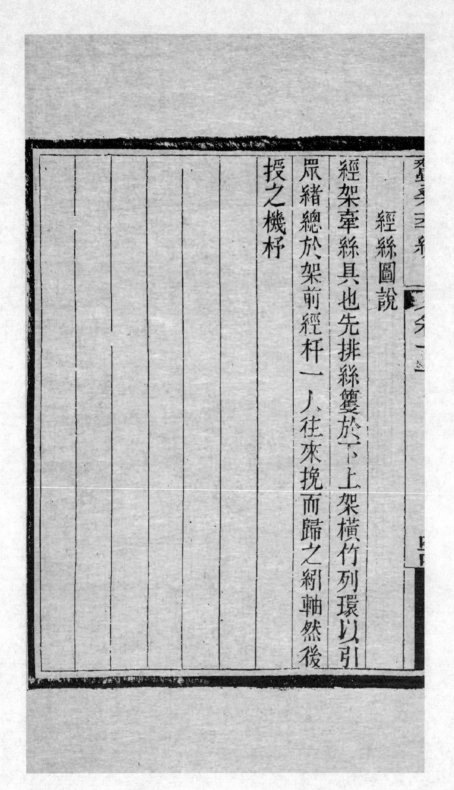

紉絲圖
交杖
縢子
縢梯
蠶桑萃編
卷十一

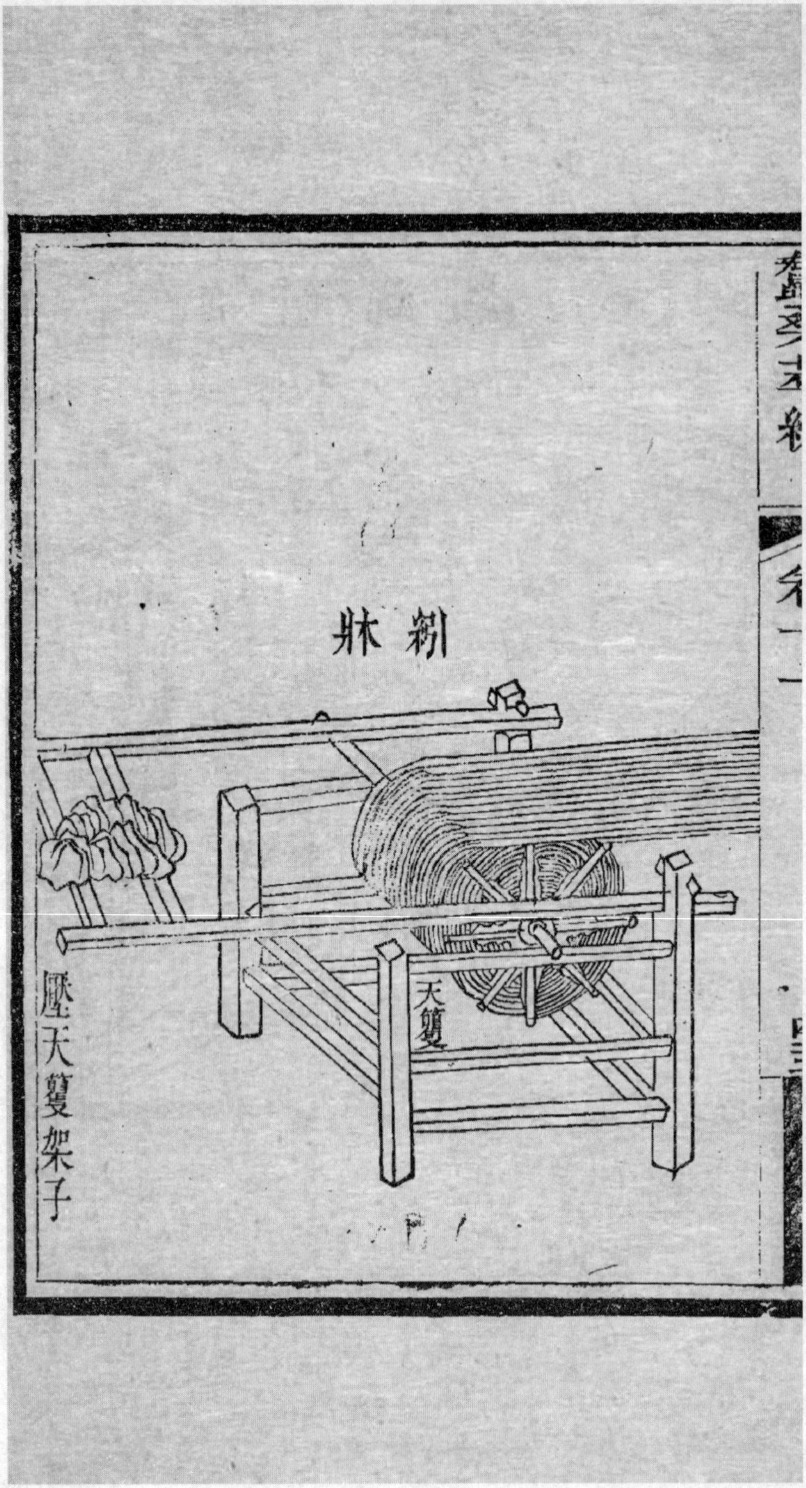
紃牀
天篗
壓天篗架子

緙絲圖說

緙絲以一人搬轉籰子一人手執撥簪往來經縷細細撥挑若有黏綹結絲俱用撥簪排開如有鬆漫散絲下面用紙一墊平緊一樣隨撥隨捲盡捲在籰子之上

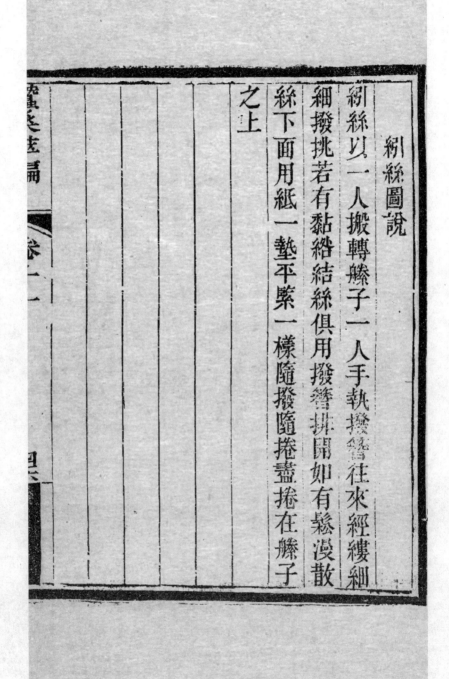

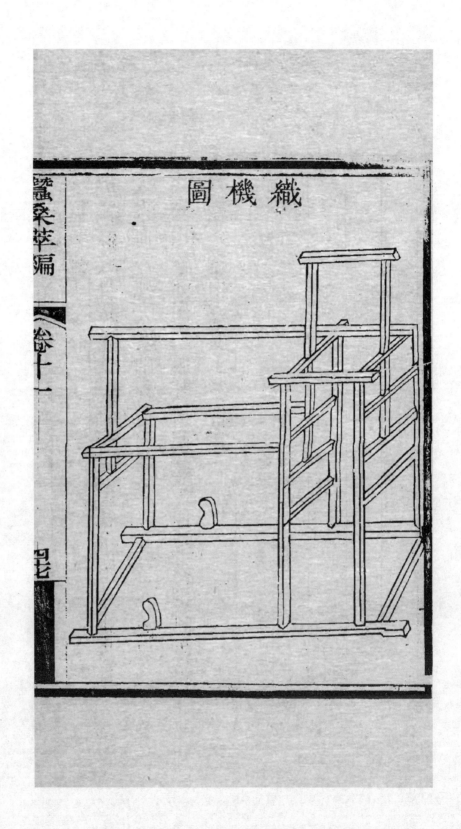

織機圖

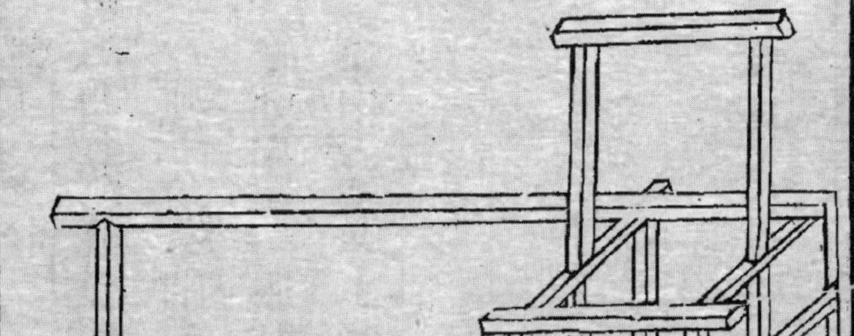

織機圖說

機織絲具也按黃帝元妃西陵氏儽祖始勸蠶事月大火而浴種夫人副褘而躬桑乃獻繭絲遂成婦織之功以給郊廟之服其機制之最簡要者則名素機以織素綢南方女工多習之

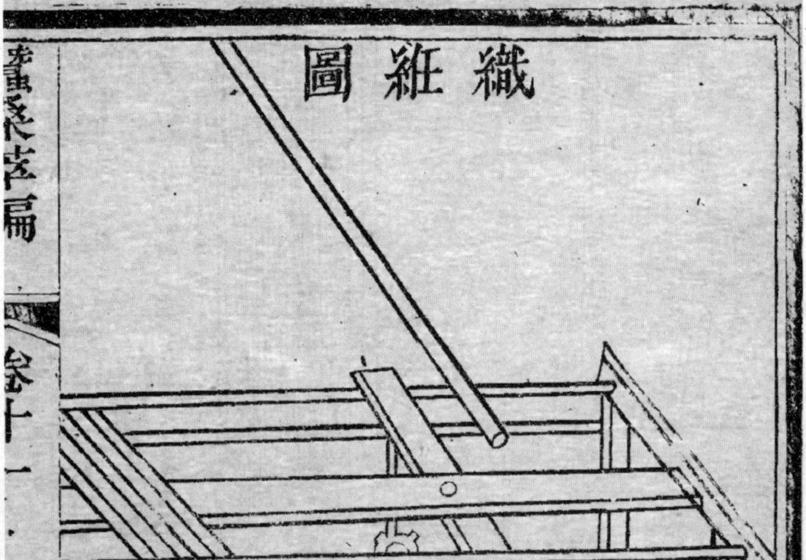
織紝圖
蠶桑萃編
卷十一

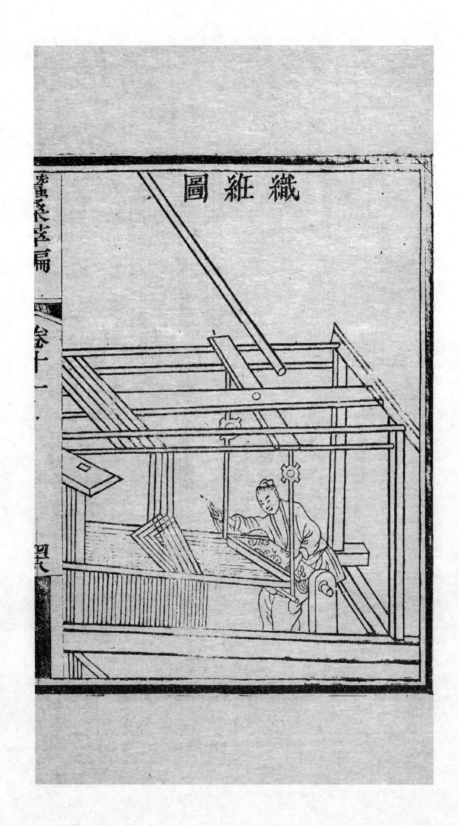

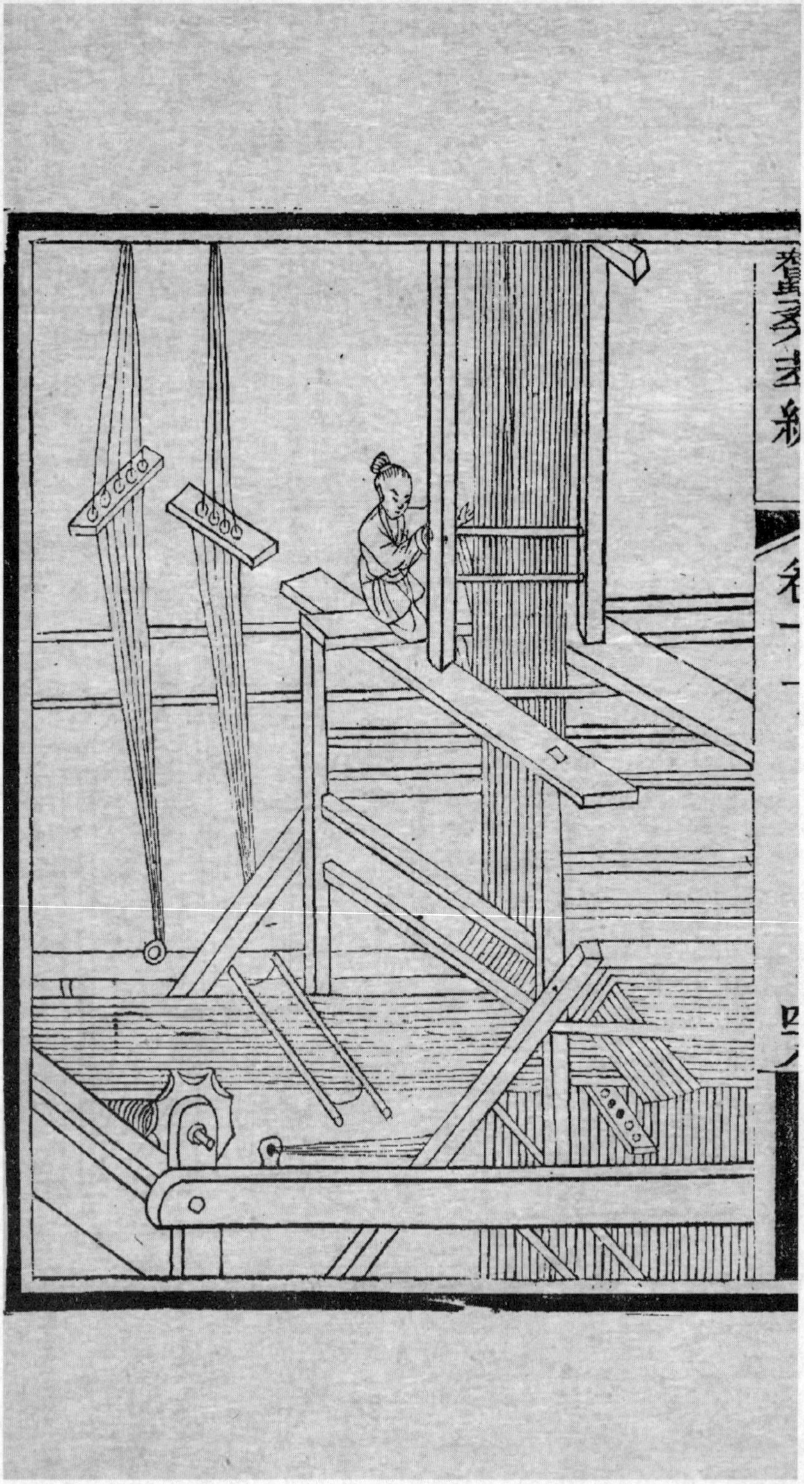

花機織紝圖說

經縷捲在籰子上便可授之機杼素綢以一人織之花機則一人用梭一人在花樓上提花江南花對扯四川花横扯隨唱隨提隨提隨唱以心應手以手應口毫無紊亂今人花機製法按路史舊機五十綜者五十躡六十綜者六十躡馬生者天下之名巧也乃易爲十二躡今紅女繒惟用二躡凡人衣被於身者皆其所出

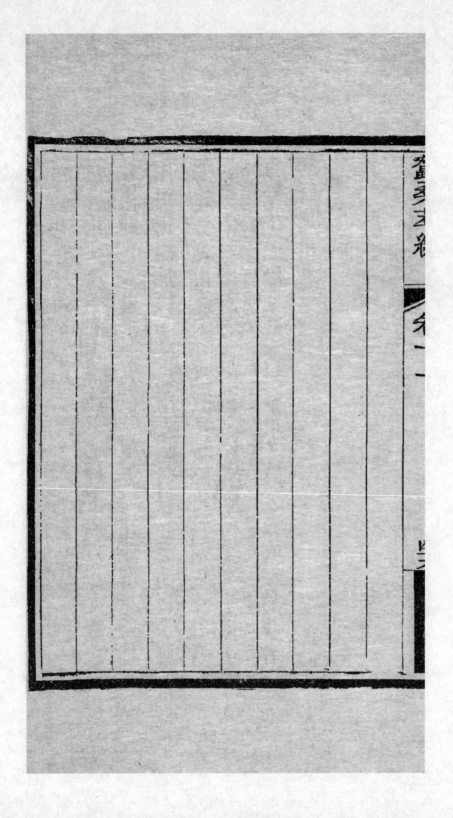

砧杵圖
蠶桑萃編
卷十一

砧杵圖說

砧杵擣練具也東宮舊事曰太子納妃有砧杵一枚又擣衣杵十荊州記曰秭歸縣有屈原宅女嬃廟擣衣石猶存蓋古之女子對立各執一杵上下擣練於砧其丁冬之聲互相應答今易作臥杵對坐擣之又便且速易成帛也

綿矩圖

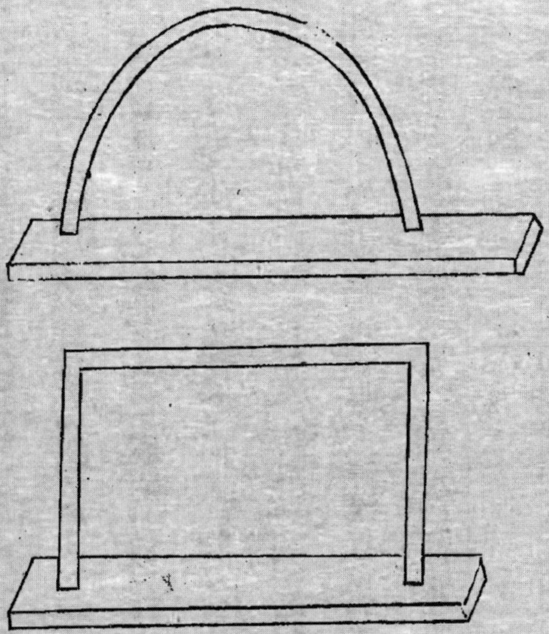

綿矩圖說

綿矩以木框方可尺餘用張羅綿是名綿矩又有揉竹而彎者南方多用之其綿外圓內空謂之豬肚綿及有用大竹筒謂之筒子綿就有改作大綿裝時未免搥裂北方大小用瓦蓋所尚不同各從其便然用木矩者最為得法酈善長水經注曰房子城西出白土細滑如膏可用濯綿霜鮮雪耀異於常綿世俗言房子之纊也抑亦類蜀郡之錦得江水矣今人張綿用藥使之膩白

蠶桑萃編
卷十一
絮車圖

絮車圖說

絮車構木作架上控鈎繩滑車下置煮繭湯甕絮者掣繩上轉滑車下徹甕內鈎繭出没灰湯漸成絮段莊子所謂洴澼絖者古者纊絮綿一也今以精者爲綿粗者爲絮因蠶家退繭造絮故有此車煮之法常民藉以禦寒次於綿也彼有擣繭爲胎謂之牽縭者較之車煮工拙懸絕矣

謝先蠶圖
蠶桑萃編
卷十一

謝先蠶圖說

絲已登軖蠶事畢矣謝神之禮不忘本也先設先蠶位陳新絲於神前敬設牲醴香燭率闔家長幼跪祝文曰龍精一氣功被多方聖母作則降福無疆錫我繭絲製此衣裳室家之慶閭里之光敬帥長幼虔誠升香設殽於俎奠醴於觴工祝致告神德彌彰讀畢酹酒下拜謝神

附全四册目録

蠶桑萃編（一）
卷首　綸音
卷一　稽古
卷二　桑政
蠶桑萃編（二）
卷三　蠶桑
卷四　繅政
卷五　紡政
蠶桑萃編（三）
卷六　染政
卷七　織政
卷八　綿譜
卷九　線譜
卷十　花譜
卷十一　圖譜
蠶桑萃編（四）
卷十二　圖譜
卷十三　圖譜
卷十四　外記
卷十五　外記